高齢女性による
グループ経営

「人間らしい仕事」の獲得

Business management by elderly women:
in search of "Human Work"

蒲澤晴美
KANZAWA Harumi

有信堂

高齢女性によるグループ経営／目　次

高齢女性によるグループ経営

「人間らしい仕事」の獲得

序　章　農村で活躍する高齢女性グループ

　本書は、高齢女性によるグループ経営を研究対象とする。S県の農村におけ
る事例分析を通して、グループ経営の継続性を解明することが課題である。解
明においては、ベティ・フリーダン（Betty Friedan, 1921-2006)[1]が提唱した「人
間らしい仕事（Human Work)」[2]に依拠するとともに、高齢女性グループの主体
性に重点を置く。これにより、女性高齢者という人的資源の潜在的能力を生産
的な社会構造に組み込む方法の一端を提供できるものと考える。このような課
題設定の前提として、本書が高齢女性によるグループ経営を研究対象とする意
義を確認しておこう。

1.　エイジングとジェンダー

　近年、保護の「客体」ないし「依存者」と見なされていた高齢者像が変わり
つつある。「高齢化に関する世界会議」が国連によって開催された1980年代以
降、「サクセスフル・エイジング（Successful Aging)」[3]、「プロダクティブ・エイ
ジング（Productive Aging)」[4]といった用語が誕生し、歳をとることの積極的な

---

1)　ベティ・フリーダン（Betty Friedan, 1921-2006）とは、1963年に *The Feminine
　Mystique*（邦題：『新しい女性の創造』三浦冨美子訳）を発表し、女性解放運動の中
　心的存在となった人物で、National Organization for Women（全米女性機構）の
　創設者としても知られる（安川悦子・竹島伸生編著［2002］50頁）。
2)　Betty Friedan［1993］；ベティ・フリーダン［1995］。
3)　サクセスフル・エイジング（Successful Aging）は、高齢者の健康や生きがいな
　どに力点を置く（安川悦子・竹島伸生編著［2002］37頁）。
4)　プロダクティブ・エイジング（Productive Aging）は、高齢者が職業労働に参加
　して生きることに力点を置く（安川悦子・竹島伸生編著［2002］39頁）。

4

面が力説されている。高齢者が「主体」として生きることへの提言である。高齢者像の転換が要求される社会的ならびに経済的な背景は、人口のグレー化（高齢者人口の増加と少子化の進行）である。平均寿命の伸長と出生率の低減による人口構造の変化は、排除されていた高齢者を労働人口へ組み入れることを余儀なくする。それには、近代社会を規定していた基本的な価値観、すなわち男性中心主義や生産中心主義の転換が必要となる。なぜなら、高齢者の大部分が女性だからである[5]。このような価値転換を基軸として、エイジング（老い）を、ジェンダー（社会的・文化的に形成される性別）の視座から考察したのが、ベティ・フリーダンである[6]。1985 年に発表した、"The Mystique of Age"、"Changing Sex Roles: Vital Aging"（邦題：「『老い』という神話」、「女性と男性——活力ある老いとは」岡本祐三訳）[7]において、フリーダンは、次のように述べている。

1960 年代までの米国では、女性は「個人としてあるいは自身の社会的活動によって認められること」はなく、「弱々しく思われ」、女性自身も「深くそう信じ込んでいた」。そこには、「多くの女性が家庭からでて働きつつある現実を認

---

5) National Institute on Aging（国立高齢化問題研究所）の所長であった Robert Butler（ロバート・バトラー）が、"the policies and the research on aging in America are formulated mostly by men, based on the lives of men and the experience of men, but most of the aged are women.（高齢化についての政策や研究課題は、ほとんどが男性によってきめられている。つまり、男性の生き方や経験にもとづいている。しかし高齢者の大部分は女性なんですよ）" と語ったとの記述がある（Betty Friedan [1985] p. 40；ベティ・フリーダン [1998] 94 頁）。

6) フリーダンの提議後、1990 年代に入ると、イギリスのサリー大学で「エイジングとジェンダーに関する国際会議」が開かれ、「ジェンダー」視座があるエイジングの研究が活発となる。たとえば海外では、肉体的な「老い」とジェンダー化された社会との関係（'Ageing, Gender and Sociological Theory'）、社会的不平等における年齢とジェンダーと階級との関係（'Theorizing Age and Gender Relations'）、男性高齢者以上に労働市場から排除される女性高齢者の問題（'Gendered Work, Gendered Retirement'）、女性のライフコースと高齢期の経済状態・役割との関係（'Connecting Gender and Ageing：A New Beginning?'）などの研究が見られる（安川悦子・竹島伸生編著 [2002] 25-29 頁）。

7) Betty Friedan [1985]；ベティ・フリーダン [1998]。

めない」マスメディアの女性像があった。同様に、「60代、70代、80代の活動
的な男女」が存在する一方で、「マスメディアにしみこんだ老いの神話――子
どもみたいで、依存性が強く、受け身で、病気持ちで、無知蒙昧で、老衰した
――は、行政の委員会、研究者、老年学者、老年医学者だけでなく、老いに向
かいつつある人々自身のあいだにも広くしみこんでいる」。要するに、「偏見に
満ちた『老いの神話』と、同じく偏見に満ちた『女性の神話』との――両者と
も弱々しいものだという――奇妙な結合物ができてしまっている」。かつての
「女性問題」と同じように、「老いの問題」を「保護者的（あるいは同情的）」に扱
うのは、「性別役割の固定観念からくる偏見」、すなわち「青年や男性に偏りす
ぎた価値観」に由来する。つまり、「工業化社会における男性的な狭義の力強
さや優越性のみを生産性の源」とする誤った考え方が、「老いを非生産的なも
の」とし、「老いることを老衰や障害に結びつけてしかイメージ」できなくした。
したがって、「われわれが継続的な生産性を維持するには、まずこのような男
性的な生産性の神話を打ち破らねばならない」。ポスト工業化社会は、「人間的
能力、人間的なサービス、人間的な感性により大きな価値を認める社会」であ
る。「これまでの長きにわたる男性優位社会のなかで、ある意味ではもっぱら
女性にもとめられてきた、あるいは女性が対応することを余儀なくさせられて
きた」能力が求められる。「高齢者の人間性をきちんと評価」し、「生産性への
可能性に目を向け」、高齢期の「技術や英知をいかして、社会全体を豊かにし
なければならない」。そうでなければ、困難な財政問題にも陥る。「老いの神話
なるものに、女性の神話と同じように真剣に」取り組み、「どうすれば高齢者
という人的資源の潜在的能力を生産的な社会構造に組み込めるかを、真剣に考
えるべき」である[8]。

　フリーダンが言及したポスト工業化社会における女性高齢者の活躍を展望す
る際、その良き素材となる活動が、我が国で遂行されている。農村地帯におけ
る高齢女性のグループ経営である。その詳細は、農林水産省の「農村女性によ
る起業活動実態調査結果の概要」[9]によって見ることができる。

---

　8)　Betty Friedan [1985] pp. 37, 40, 42-44, 93-94, 102-104：ベティ・フリーダン
　　[1998] 86、93、98、100-103、177、189-190 頁。

　「農村女性による起業活動実態調査結果の概要」は、「農村在住の女性が中心となって行う、農林漁業関連の経済活動」が調査対象である。具体的には、①主として地域の産物を使用し、②主たる経営を女性が担うことで、女性の収入につながることが要件であり、無報酬のボランティア活動は除かれる。調査によれば、活動の年齢層は、表 0-1 でわかるように 60 歳代が中心である。とくにグループ経営では、平均年齢 60〜69 歳が 52.5％、70 歳以上が 18.4％を占める。グループ組織の 7 割が、主として 60 歳代以上の女性たちによる経営であるといえる。活動内容は、表 0-2 に見られる。食品加工、直売所への流通・販売、レストラン等の経営をグループ組織で取り組んでいることがわかる。また、活動の開始時期を示す表 0-3 からは、経営体の大半が、およそ 10 年以上にわたり事業を継続していると判断できる。

　まさしく、男性優位社会のなかで、女性に求められてきた調理技術や対面サービスの経験が活かされ、主体的に女性高齢者が活動している姿である。これは、フリーダンの言う、「高齢者の人間性をきちんと評価」し、「生産性への可能性に目を向け」、高齢期の「技術や英知をいかして、社会全体を豊かに」するために、日本の女性高齢者たちが努力している姿にほかならない。

　ところが、農村女性の経済活動を扱った研究では、女性高齢者による経営は、ネガティブなイメージで捉えられているのが通常である。多くの先行研究から読み取れることは、「60 歳代以上の女性たちが主力のグループ経営では、事業の継続ないし発展は困難であり、40 歳代以下への世代交代が必要」という指摘である[10]。このように、年齢で事業継続を危ぶむ見解は、フリーダン風に言えば、偏見に導かれた固定観念であると指摘できる。固定観念があるゆえに、「60 歳代以上の女性は起業者・後継者にはなりえない」、「女性の起業者・後継者は 40 歳代以下でなくてはならない」との思い込みに囚われるのである。我が国においても、「性別役割の固定観念からくる偏見」は根深い。その影響が

　9）　農林水産省経営局就農・女性課［2012］。

　10）　グループ経営の主力が 50 歳代以上の女性、あるいは 60 歳代以上の女性であるとの理由で、事業の継続ないし発展を危惧する見解や、より若年世代への後継ないし起業を提起する論考として、藤森英樹［1998］、藤本保恵［2004］、澁谷美紀［2007］、渡辺啓巳・遠藤和子［2007］、諸藤享子［2009］、澁谷美紀［2011］、室屋有宏［2011］、澤野久美［2012］などがある。

表 0-1　農村女性起業活動の構成員平均年齢

(単位：件)

平成 22 年度 2010.4〜2011.3	29 歳以下	30〜39 歳	40〜49 歳	50〜59 歳	60〜69 歳	70 歳以上	不明	計
個人経営	18	105	322	1,212	1,686	837	293	4,473
	0.4%	2.3%	7.2%	27.1%	37.7%	18.7%	6.6%	100.0%
グループ経営	3	19	125	1,137	2,776	970	254	5,284
	0.1%	0.4%	2.4%	21.5%	52.5%	18.4%	4.8%	100.0%
合計	21	124	447	2,349	4,462	1,807	547	9,757
	0.2%	1.3%	4.6%	24.1%	45.7%	18.5%	5.6%	100.0%

出所）　農林水産省経営局就農・女性課［2012］。

表 0-2　農村女性起業活動の内容 (複数回答)

(単位：件)

平成 22 年度 2010.4〜2011.3	農業生産	食品加工	食品加工以外	流通・販売			都市との交流					不明・他
				直売所	インターネット	その他	体験農園	民宿	レストラン	食品加工体験	その他	
個人経営	1,252	3,485	110	2,062	170	440	287	362	219	258	118	114
	28.0%	77.9%	2.5%	51.4%			22.2%					2.6%
グループ経営	739	3,849	216	3,138	147	824	183	35	351	403	223	138
	14.0%	72.8%	4.1%	66.7%			19.1%					2.6%
合計	1,991	7,334	326	5,200	317	1,264	470	397	570	661	341	252
	20.4%	75.2%	3.3%	59.7%			20.5%					2.6%

出所）　農林水産省経営局就農・女性課［2012］。

表 0-3　農村女性起業活動の開始時期

(単位：件)

	〜1989 年	1990 年〜1994 年	1995 年〜1999 年	2000 年〜2004 年	2005 年〜	不明	計
合計	1,154	1,011	2,109	2,968	2,219	296	9,757
	11.8%	10.4%	21.6%	30.4%	22.7%	3.0%	100.0%

出所）　農林水産省経営局就農・女性課［2012］。

　ないとはいえず、「青年や男性に偏りすぎた価値観」が、研究者だけでなく、多くの人々の意識にも浸透している可能性を排除できないのである[11]。
　しかし、日本の高齢者の大部分も女性である。したがって、農村における高齢女性グループ経営の継続性を解明することは、女性高齢者という人的資源の潜在的能力を生産的な社会構造に組み込む方法の課題究明になりうると考える

8

のである。

2.　分析視角──「人間らしい仕事」

　女性高齢者という人的資源の潜在的能力を生産的な社会構造に組み込める方法として、ベティ・フリーダンは「人間らしい仕事（Human Work）」[12]を提唱している。その重要な要素として挙げたのは、①自主的な仕事管理、②仕事と愛（家族、友人）の統合、③コミュニティでの協働である。以下に、フリーダンの言説を整理する。

(1)　自主的な仕事管理
　人間らしい仕事の第一は、自主的な仕事管理である。中年期以降の多くの人は、出世への関心よりも、「自主性を求める、あるいは、自由で独立していたいという意欲」が増加する。高齢期になっても「仕事上のチャレンジに応じる意欲」は低下せず、「社会から孤立したり、切り離されたりすることなく、自分の時間、自分の生活を管理したい」との願望が高まるという。このことから、高齢期の仕事は、「社会保障によって生活が保障」されたうえで、「仕事の速度や目的を自分にあわせて選ぶべき」であると、フリーダンは主張したのである。だが、仕事が高齢者を「ただ忙しくしておくだけ」であれば、人間らしい仕事とはなりえない。すなわち、「仕事の中で個性」を発揮することはできず、「社会とのきずな」を育むこともできない。高齢期の仕事には、「柔軟性、主体性、やりがい、分かち合うべき責任」、そして「労働時間の短縮」が重要であることを、フリーダンは説いた[13]。

(2)　仕事と愛（家族、友人）の統合
　人間らしい仕事の第二は、仕事と愛（家族、友人）の統合である。夫を亡くし、

11)　大森真紀は、「高齢者の就業問題における女性の軽視は、若年期と成人期における性差別の実情を反映する」と述べている（大森真紀［2010］13頁）。
12)　Betty Friedan［1993］；ベティ・フリーダン［1995］。
13)　Betty Friedan［1993］pp. 227, 238, 242, 635-636；ベティ・フリーダン［1995］上248、260、265頁、下350-351頁。

あるいは離婚した高齢の女性が仕事に就いたとき、「若い男性のように、何かに駆り立てられたり、とりつかれたりする」働き方はしない。充足感を抱く高齢者が優先することは、「仕事を楽しみ、個人の成長を評価し、家族や友人を大切にすることである」。このことから、「老いの泉を豊かにする」女性の働き方を、「仕事と愛、キャリアと家族、遊びと真剣さという古くからある両極を手際よく折り合いをつけるもののようだ」とフリーダンは表現したのである。すなわち、「仕事、家庭、そのほかの関心事に絶えず臨機応変に対応したり、定義し直しながら、うまく両立させるパターン」により、「高齢の女性が何かをする可能性を大きくし、彼女たちの仲間になる高齢の男性の可能性もいっそう増大することになるかもしれない」というのである。このような、仕事と愛（家族、友人）の統合は、「青年期や子育て期の硬直化した性別役割分業から解放されること」で可能になることを、フリーダンは指摘した[14]。

(3)　コミュニティでの協働

　人間らしい仕事の第三は、コミュニティでの協働である。フリーダンが面談した高齢者たちは、「これまでの蓄積や最近の活動の成果をすべて、社会、新旧のコミュニティで活用したい」と願い、「自分はまだまだ十分働ける、役に立つと感じている」という。「これまでずっと子供たちのためを思ってやってきたが、今は地域のためにやっている」という「積極的な行動」が「自尊心と幸福感を高め」、「健康によい影響を与えている」との老年学者（コハナ夫妻）の報告がある。したがって、60歳代、70歳代、80歳代になっても、「社会で能力を発揮し、元気に生きることが必要であり、また、社会が抱える分裂と衰退の問題に立ち向かうためにも、高齢者の知恵と広い視野、洞察力などを利用することが必要である」と、フリーダンは強調したのである。米国退職者協会の会長（ホレイス・ディーツ）の言葉を借り、高齢者が「自分の地域でエンパワーメントする」ことの必要性を説いた。すなわち、「多くの社会問題を解決するためにも」、高齢者は「ほかの集団との橋渡しの役割を果たし、かつともに働く方法をみつけることが必要」なのである[15]。

---

14)　Betty Friedan［1993］pp. 236-237, 241, 245, 613-614：ベティ・フリーダン［1995］上 258-259、264、269頁、下 325-326頁。

　我が国においても、女性高齢者という人的資源の潜在的能力を生産的な社会構造に組み込める方法は、人間らしい仕事に見出せると考える。すなわち、①自主的な仕事管理、②仕事と愛（家族、友人）の統合、③コミュニティでの協働、が必須になると思うのである。本書では、これを意識しながら、女性高齢者たちが働き続けるための要因を分析する。ただし、分析にあたっては、ここで論じた３つの要素が、すでに整っているものではなく、高齢女性という主体によって徐々に形成あるいは獲得されるものであることを重視する。なぜなら、農村の高齢女性は、すでに成り立った人間らしい仕事を行っているわけではなく、人間らしい仕事に向けて少しずつ努力する過程にあるからである。

　留意すべきは、人間らしい仕事というフリーダンの提唱が、基本的には個人を対象としていることである。しかも、キャリアを積み重ねた男女の高齢者が主な対象である。たとえば、「最近の研究では女性の方が退職したがらないという事実が明らかになっている。〔多くの女性は子育てを終えてから仕事に就くので〕女性は男性に比べ、職に就くのがずっと遅く、長生きであり、経済的には退職する余裕もない」[16]と語るとき、フリーダンが念頭においているのは、個人としての高齢女性なのである。その個人が集まった、いわばマクロ的な事柄が、多くの女性が人生の長い時期まで働き続ける社会ということになるのである。

　これに対し本書は、個人としての高齢女性ではなく、グループとしての高齢女性を対象とする。それも、都市で企業などに雇われた女性ではなく、農村でグループをつくり自ら小さな経営体を運営している女性たちである。女性高齢者という個人が集まった、この小さな経営体が、人間らしい仕事という望ましい状況を形成あるいは獲得する側面を重視するのである。

　ところで、農村の高齢女性を対象として人間らしい仕事ができる条件を、フリーダンと類似の問題関心から探究した研究が、我が国でもないわけではない。たとえば、天野寛子・粕谷美砂子［2008］がそれである。

---

15)　Betty Friedan［1993］pp. 597, 611-612, 622-623, 630-631；ベティ・フリーダン［1995］下 307、323-324、335-336、345-347 頁。

16)　Betty Friedan［1993］p. 197；ベティ・フリーダン［1995］上 215 頁。〔　〕内は引用者。

　天野らは、「若いエネルギーの溢れたときだけ大切にされ、高齢者を〈無用な人〉と遇する社会」に対する疑問から、「女性農業者が高齢になっても、そして一生を終えるまで〈その人らしく、人間らしく存在する＝wellbeing〉ことができる」生活を展望した。その生活項目の１つとして挙げられたのが、「人間らしく働くこと」である。働くことが重要なのは、「人間は『働く』ことのなかに、その人間の潜在的にもつ多様な能力を注ぎ」込むことができるためとされる。高齢期に入っても、「農業では、基本的に自分で仕事をコントロールでき、無理やり仕事を奪われることはあまり」なく、「経済的に問題がないならば、もっとも自分の状況に合わせた働き方ができ」る。さらに、「集落ごとに加工所のようなところが整備されているならば、主体的な活動の期間を延ばすことが」できる。また、労働のよいところは「収入と結びついている」ことだけでなく、「他の労働者と相互に認め合う意味のある関係を結ぶこと」にもなる。このように、天野らは、人間らしく働くことが何よりも重要であると見た。と同時に、女性農業者の「高齢者パワー」を引き出すためには、パートナーの存在が必要であると捉えた。つまり、「夫婦を中心とした家族という生活のパートナー」、高齢期の自分と仕事ができるパートナー、地域のなかで「助ける関係」「助けられる関係」であるパートナー、朝市や加工活動を一緒にできる「活動仲間というパートナー」との関係を築くことの重要性を説いたのである[17]。

　この文脈からは、①日本の農村においても、人間らしい仕事（人間らしく働くこと）により、女性高齢者がもつ潜在的な能力を生産的な社会構造に組み込むことができること、②人間らしい仕事（人間らしく働くこと）のためには、自主的な仕事管理（自分の状況に合わせた働き方ができること）を基本とし、仕事と愛（家族、友人）の統合（家族や仕事のパートナーとの関係）やコミュニティでの協働（地域のなかで助け合うパートナーとの関係）を築くことが重要であると指摘されているのがわかる。なお、③「他の労働者と相互に認め合う意味のある関係を結ぶこと」が農村ではより重要性があること、④農産物の直売活動や加工活動については、個人単位ではなく、仲間とともに活動するグループ組織のほうが、より「高齢者パワー」を引き出せることを示唆している点も評価すべきである。

　しかし、フリーダンと同じく、基本的には個人としての高齢女性を対象とす

17)　天野寛子・粕谷美砂子［2008］87-89、110-111、123-126頁。

12

る考察であり、高齢女性がグループをつくり上げることでの人間らしい仕事に及ぼす影響や、高齢女性がグループ経営を営む際に求められる人間らしい仕事の条件に関しては、積極的に検討されていないといえる。

これに対し、農村の高齢女性によるグループ組織の経営に焦点を合わせ、高齢女性グループの活動と地域社会との関係を分析した研究に、中條曉仁［2005］がある[18]。検討しよう。

中條が調査地としたのは、過疎山村である。農産物加工を行う3つの高齢女性グループを「職業に就く女性高齢者の少ない対象地域において、彼女たちが独自に確保している就業機会」として位置づけ、「女性高齢者が独自の口座に農産物加工から得た収入を振り込んでもらうことは、自分の自由に使えるお金を持つこと」であり、「月3〜5万円程度の年金」を補い、「農家の女性が抱える経済的自立性の低さという問題の克服に寄与する」と指摘した。また、農外雇用に従事した経験をもち、定年を迎えた60〜70歳代前半の女性高齢者たちは地域社会のなかで孤立しがちであるが、「農産物加工グループは毎週同世代の人と顔を合わせ、社会的関係を構築する機会を提供している」と説明した[19]。

中條の研究は、天野らとは異なり、女性高齢者のグループ経営への参加を積極的に捉え、その参加が女性高齢者にとって様々な意義をもたらしていることを指摘している点で高く評価できる。ただし、中條の研究も厳密な意味ではグループを対象としたものとはいえない。グループを素材としているものの、研究の中身は、1つの主体としてグループがとる行動の分析ではなく、グループが個人に提供する「場」の意味の分析だからである。前述した「農産物加工グループは……社会的関係を構築する機会を提供している」ということのほか、「販売活動そのものが男性高齢者を含めた集落住民が参加する、新しい集落の活動として意味を持ち始めている」[20]というくだりに、それがよく表れている。よって、高齢女性の自分たちの状況に合わせた働き方——これは人間らしい仕事の重要な要件である——に関しても、高齢女性グループ自体が行動主体とし

---

18) 関連した研究としては、中條曉仁［2013］を参照のこと。
19) 中條曉仁［2005］80-88頁。
20) 中條曉仁［2005］88頁。

て、その働き方をどのようにつくり出せるかではなく、各個人が自分の状況に
どのように合わせるかに関心が置かれるのである。結果、「彼女たちは家族の
理解を得たり、自己の努力で活動時間を捻出したりして、世帯内における役割
の調整を行っている」[21]という知見が得られる。

　中條の研究についてもう1つ検討すべきは、グループの行動と関わる場合に
おいても、人間らしい仕事を獲得するための営みではなく、グループと世帯や
地域社会との「調整」に焦点を合わせていることである。中條の主な問題関心
は、「これまでの研究をみると、女性が農産物加工を起業するために地域社会
の理解をどのように得ているのか、また女性が農産物加工に参加するために世
帯内の役割をどのように調整しているのかという点を考察するまでには至って
いない」ということである[22]。したがって、その事実発見の重点も、たとえば、
「女性高齢者が農産物加工を起業するためには、農業改良普及所（以下、普及所）
や行政など公的機関からの支援を受けるばかりでなく、構成員の多くが男性高
齢者となっている集落組織の理解と同意を得なければならない……集落や世帯
主の顔を立てて計画を進め〔る一方〕……集落組織に対して、それよりも上位
にある公的機関が後ろ盾になっていることを暗に示」すことに置かれているの
である[23]。

　以上をふまえ、本書では、高齢女性グループを行動主体として捉え、それが
人間らしい仕事の形成あるいは獲得に向けて、どのような営みを築き上げてい
るのかを分析する。その主体的な営みこそが、高齢女性によるグループ経営を
継続させる原動力になると考えるのである。この際、グループ経営自体の意味
を重視する。本論で詳しく見るが、高齢女性グループはグループ経営活動の一
環として自ら「自主的な仕事管理」を行う。この経験がバネになって、グルー
プのメンバーは自分の属する世帯のなかでの時間調整を各々が円滑にできるよ
うになる。「仕事を自ら管理してみた」という経験こそ、「仕事と愛（家族、友
人）の統合」の土台となるのである。一方、グループの経営活動は日常的な意

---

21)　中條曉仁［2005］93頁。
22)　中條曉仁［2005］81頁。
23)　中條曉仁［2005］86-87頁。〔　〕内は引用者。

思決定をグループ自ら積み重ねることでもある。グループ経営で培った自律性が地域社会のなかでの継続性を支えるのである。本書では、この高齢女性グループの主体的な営みを、グループ自身の組織内関係、グループと家族・集落との関係、グループと地域諸団体との関係に分けて検討することにする。以下、その意味を簡略に述べる。

　第一に、高齢女性のグループ経営には、組織内の関係が重要である。上記の中條の研究でも、組織内関係を維持するために必要な「自主的な仕事管理」の重要性を示唆する文言が見られる。「高齢者による農産物加工は少量で多品種の製品を生産する点に特徴があり、高齢者が適応しやすい作業環境と販売活動によって支えられている」[24]というくだりがそれである。しかし、自主的な仕事管理の様態が具体的に示されているわけではない。むしろ、「売上の主力を担ってきた移動販売が、自動車を運転できる担当会員の長期入院によって販売量が減少した」ことを理由に、「女性高齢者が直面する加齢の問題がグループの運営や収益に不安定さをもたらす要因にもなっている」と括っており[25]、そのような問題がグループとしての仕事管理によってどのように処理されうるかについては、関心を向けていないのである。ただし、ケガや病気による長期入院は若年層にも起こりうる。何も女性高齢者に限ったことではない。また、一般企業でも育児や介護で長期休職するケースが増えている。組織として活動を継続しようとすれば、こうした運営上で生じる諸問題に対応するための管理が必要となる[26]。すなわち、組織の分業関係とその調整、事業の計画やコントロール、活動へのインセンティブ、人員の補充や育成である。60歳代以上が中核の女性グループも組織である限り例外ではない。本書では、女性高齢者たちが自らに合わせた組織内の管理を自主的に行うことで、グループ経営が継続できると仮定する。

　第二に、高齢女性のグループ経営には、家族・集落との関係が重要である。我が国の農村では、「（新）性別役割分業」ないし「家父長制」が根深い。すなわち「男がペイド・ワーク／女がアンペイド・ワーク（＋ペイド・ワーク）」、お

---

24)　中條曉仁［2005］85頁。
25)　中條曉仁［2005］86頁。
26)　組織内の管理については、伊丹敬之・加護野忠男［1993］を参照のこと。

および「男（舅、夫）が上（あるいは主）／女（嫁、妻）が下（あるいは従）」という社会規範である[27]。また、3世代同居であれば、「（孫の）育児や子供の世話」「（配偶者や）老親の介護」といったアンペイド・ワークは女性が担うのが通常である。概して、女性の場合、仕事と育児・介護の両立は困難である。それは、家族だけでなく集落にも内在する。現に、集落内で行われる清掃等のアンペイド・ワークは女性たちの役割であることが多い。このような性別役割分業は、それを支える社会的規範の弱化によって少しずつ克服することができる。と同時に現実的な妥協策をも模索する必要がある。現に、同性の協力を得て両立を可能にするのが、我が国では一般的である。たとえば、育児や介護を嫁と姑が協力し合う。あるいは、家事労働を母と娘が分担し合うといったことである。この意味では、男性の理解と協力を得るだけでなく、同じ女性の理解と協力を得ることも重要といえる。以上をふまえ、本書では、女性高齢者たちは、グループ経営の経験をバネとして、家族および集落に内在する「（新）性別役割分業」「家父長制」にうまく対処し、「仕事、家庭、そのほかの関心事」との両立をはかることによって、グループ経営を継続すると仮定する。

　第三に、高齢女性のグループ経営には、地域諸団体との関係が重要である。高齢女性グループが経済的実績を挙げるプロセスには、地域の公的機関や組織が深く関わっている。それは公的機関等から与えられる補助金などに限らない。上記の中條の研究でも示されているように、「公的機関が介在することにより女性高齢者による活動の正当性を地域社会に示すことにもつながっている」[28]からである。すなわち、地域諸団体との関係は、高齢女性グループをして、「正当性」という価値ある社会的資源を獲得できるようにしているといえよう。ほかに、地域諸団体は、高齢女性グループに対して、経営に必要な資源をも提供する。こうして、地域諸団体との関係は、高齢女性グループが経済的実績を挙

27）　日本の農村社会に存在する社会規範として、鶴理恵子は、「補佐役規範（男が前、女は後ろで補助）」、「新・性別分業規範（男は仕事、女は仕事と家庭）」を挙げている（鶴理恵子［2007］199-200頁）。また、田中夏子は、農村の「女性は農業経営や家庭生活を支えるのみならず、さまざまな地域活動も担っているが、その労働が経済的評価を得ることは少ない」と述べている（田中夏子［2002］76-77頁）。なお、「男は仕事、女は家庭」が「性別役割分業」である。

28）　中條曉仁［2005］87頁。

げるために必要な要件の１つとなる。本論で詳しく論じるが、農産物加工品を製造するための基盤整備、ノウハウの提供、そして販路の確保などにおいて、地域諸団体は重要な役割を果たすのである。問題は、諸団体との関係における高齢女性グループの主体性いかんである。地域諸団体に依存するだけではグループ経営の継続性が保障されないのである。この際、キーとなるのが、組織内管理を通して培った、高齢女性グループ自らの意思決定の意思と能力である。これがあればこそ高齢女性グループは、通常「上位」と見なされる地域諸団体との関係において、一方的に依存するのではなく、自主的に判断しつつその関係を健全に保つことができるのである。以上から、本書では、地域諸団体との連携とその関わりのなかでの主体的な営みが、高齢女性グループ経営の継続性を支えるものと仮定する。

　なお、本書では、女性高齢者／高齢女性を「60歳前後以降の女性」、高齢女性グループを「主として60歳代以上が活動に参加する女性グループ」、グループ経営を「グループ組織で取り組む事業経営」と定義する。

3.　S県農村地帯の事例

　上述の仮説設定から、主として事例分析により、高齢女性グループ経営の実態に迫る。事例分析の対象地域はS県とする。S県には、平地農業地帯をはじめ、都市的な農村、中山間地域をも含む多様な農山村が分布している。さらに、稲作中心の水田型、稲と麦類を栽培する田畑型、果樹や豆類を生産する畑地型など、集落もバラエティに富んでいる。

　すでに述べたように、高齢女性グループに着眼点を置いた中條の研究は、過疎山村での調査である。中條に限らず、農村高齢女性のグループ活動を取り扱った研究は中山間地域に傾斜している[29]。高齢化が先行する地域での研究といえる。しかしながら、ケース・スタディをより一般化するには、多様な地域を対象とした調査研究が求められるといわざるをえない。地域の性格自体が高齢女性グループの活動に少なからず影響を与えているため、中山間地域で活動す

---

29)　健康面から高齢女性グループを概観した深山らの研究などがある（深山智代・多賀谷昭・北山秋雄・那須裕・野坂俊弥［2010]）。

る高齢女性グループの調査に偏重した研究では、中山間地域特有の偏った見解を析出してしまう蓋然性が高い。それゆえ、都市的な農村、平地農業地帯も含めた、多様な農山村での実証研究で得られた知見を合わせて検討し、共通性を見出すことが必要であると思われる。その意味でも多様な農山村が分布するS県が、本書の対象地域として適していると考える。S県を調査地域とし、県内に設置されている3点セット（「農産物加工場」「農産物直売所」「農村レストラン」が同一敷地内に整備されている施設）を踏査し、そこで活動する高齢女性グループをめぐる関係について分析する。

　ここで、3点セットについて説明しておこう。3点セットとは、関満博・松永桂子の著書に見られる用語で、「農産物直売所」「農産物加工場」「農村レストラン」を合わせた総称である[30]。本書が3点セットに着目するゆえんは、農林水産省の「農村女性による起業活動実態調査結果の概要」[31]にある。表0-2でわかるように、グループ経営の事業内容は、食品加工が72.8%を占めて最も多い。次に直売所等への流通・販売（66.7%）、農産加工体験やレストランでの都市との交流が続く（19.1%）。これらが複数回答であることを鑑みると、「農産物加工場」での食品加工だけでなく、「農産物直売所」ないし「農村レストラン」での活動を含む複合的な経営も展開されていると推定できる。高齢女性グループの経営に複合性・多角性が包含されているのであれば、「農産物加工場」「農産物直売所」「農村レストラン」、すなわち3点セットでの観察が、グループ経営の実態を知ることに有効であると考える。

　実際、S県内に点在する3点セットを踏査すると、高齢女性グループの経営形態との関連に一定の傾向が見られる。表0-4は、3点セットと高齢女性グループとの連関表である。実地調査から3点セットを独自に分類すると、分離型、半分離型、一体型に分けられる。分離型は、農林公園や道の駅など、比較的大規模な施設に見られるスタイルで、「農産物加工場」「農産物直売所」「農村レストラン」が、敷地内に個々に離れて設置されている。この場合、高齢女性グル

30）　関満博・松永桂子編［2010a］18頁。関満博・松永桂子編［2010b］においても、「農産物直売所」「農産物加工」「農村（家）レストラン」などの「3点セット」というべきものに、年配の女性たちが取り組んでいるとの記述が見られる（関満博・松永桂子編［2010b］1頁）。
31）　農林水産省経営局就農・女性課［2012］。

表0-4　3点セットの分類と高齢女性グループのタイプ

3点セット	施設の特徴	活動拠点	タイプ
分離型 （大規模）	加工場、直売所、レストラン、すべてが分離	加工場	Type Ⅰ
半分離型 （中規模）	加工場とレストランが一体で、直売所が分離 加工場と直売所が一体で、レストランが分離 直売所とレストランが一体で、加工場が分離	加工場 レストラン	Type Ⅱ
一体型 （小規模）	加工場と直売所とレストラン（喫茶含）が一体	加工場 直売所 レストラン	Type Ⅲ

出所）　現地調査による。

ープは「農産物加工場」だけを活動拠点としているケースが多い。これを
Type Ⅰとする。半分離型は、「農産物加工場」と「農村レストラン」が一体で、
「農産物直売所」が分離している。または、「農産物加工場」と「農産物直売所」
が一体で、「農村レストラン」が分離している。あるいは、「農産物直売所」と
「農村レストラン」が一体で、「農産物加工場」が分離しているスタイルである。
高齢女性グループの活動拠点は、「農産物加工場」と「農村レストラン」であり、
これを Type Ⅱとする。一体型は、「農産物加工場」「農産物直売所」「農村レス
トラン（喫茶コーナー含む)」のすべてが一体となった施設である。比較的小規
模な土地に建てられ、高齢女性グループが運営している事例が見られる。これ
を Type Ⅲとする。

　分析方法は、基本的に聞き取り調査による。高齢女性グループの組織内管理、
グループと家族や集落との関係、ならびに地域諸団体との関係をきめ細かく知
るには、聞き取り調査が最も適切と思うからである。調査期間は、第1次調査
が 2010 年 8 月〜2011 年 10 月、第 2 次調査が 2012 年 12 月〜2013 年 11 月、第
3 次調査が 2014 年 4 月〜2015 年 7 月である。

4.　構　成

　本書の構成は、序章、第 1 章から第 3 章までの本論、および終章である。
　第 1 章では、Type Ⅰ、Type Ⅱ、Type Ⅲの高齢女性グループのなかから、

およそ 10 年以上にわたり活動している各タイプの 3 グループを継続グループとして取り上げ、組織内管理の実態を分析する。まず、継続グループの起業経緯、運営形態および年齢構成を示す。次に、継続グループからの聞き取り、ならびに関連資料により、分業と調整、計画とコントロール、インセンティブ・システム、人の補充と育成を考察する。とくに組織としての自主的な仕事管理を分析することを通して、高齢女性グループ経営の継続性についての要件を把握することが、研究上の論点である。Type Ⅰ：Aグループ、Type Ⅱ：Bグループ、Type Ⅲ：Cグループにおける組織内管理の共通性をまとめ、解明を試みる。

　第 2 章では、高齢女性グループと家族・集落との関係を分析する。まず、多様な農村で活動する女性高齢者へのインタビューから、グループ経営での「働きがい」、メンバーが辞めた理由を浮き彫りにする。次に、継続グループで活動するリーダー格の女性高齢者に対する、活動継続の阻害および促進についての聞き取りをまとめる。以上から、活動継続と家族・集落との関わりを導出する。ここでの研究上の論点は、農村における仕事と愛（家族、友人）の統合である。つまり、「（新）性別役割分業」「家父長制」が根深い農村において、どのように「仕事、家庭、そのほかの関心事」をうまく両立させ、グループ経営を継続させているのかを解明することが狙いである。

　第 3 章では、高齢女性グループを取り巻く地域諸団体との関係を分析する。継続グループの共通事項として、市町村自治体、農協等直売所、県および農林振興センターとの関連が挙げられる。これらの諸団体との関連において、何がグループ経営の継続につながっているのか。消滅した高齢女性グループとの比較検討を交えながら、地域諸団体との関わりを明らかにしていく。地域の「ほかの集団」との関係を主体的に築き上げ、「ともに働く」ことが、高齢女性グループ経営の継続性につながるとの仮説に立った解明を試みる。

　終章では、実証分析によって得られた知見をもとに、農村における高齢女性グループ経営の継続性をまとめる。

第1章　高齢女性グループの組織内関係

はじめに

　本書は、「人間らしい仕事」というベティ・フリーダンの提唱をふまえ、我
が国の農村地帯で遂行されている高齢女性のグループ経営においても、活動へ
の自主的な管理が肝要であるとの見地に立つ。ただし、個人単位の自主的な仕
事管理を越え、組織としての自主的な活動を継続しようとすれば、分業関係と
その調整、事業の計画やコントロール、活動へのインセンティブ、人員の補充
や育成といった組織内管理が必要となる[1]。本章の課題は、女性高齢者たちに
よる組織内管理の分析を通して、高齢女性グループ経営の継続性についての要
件を知ることである。先行研究を検討し、このような課題設定の意義をより鮮
明にしよう。

　農村の女性たちによるグループ経営の組織内管理に関しては、ほとんど研究
の空白状態といえる。そのなかにあって、「経営・労務管理」が事業の維持発
展に有意であることを指摘したのが藤本保恵である[2]。藤本は、農村女性起業
がビジネスとして成立するためには、①「コストダウンや技術改良などの充実」、
②「従業員の労働条件の整備」、③「経営に対するメンバーの意識の向上」といっ
た「経営内部の取り組み」も重要であると述べた[3]。だが、そのフレームワー
クを高齢女性のグループ経営に適用するには懸案事項がいくつかある。
　第一に、藤本の場合、グループ経営には企業組織的な面だけでなく、労働者

---

1)　組織内の管理については、伊丹敬之・加護野忠男［1993］を参照のこと。
2)　藤本保恵［2004］132-135頁。
3)　藤本保恵［2004］134-135頁。

22

協同組合的な要素も内包されていることを示唆しているものの、それゆえに生じる組織内部のジレンマとその調整の解明にまでは至っていない点である。労働者協同組合とは、「労働者が所有者となり、所有者自らが経営と労働」を行う協同組合を指し、「所有・経営・労働が三位一体となって結合しているところにその固有の性格がある」[4]。資本主義的営利企業において、「労働力の取引」[5]が生じる組織形態とは、区別される。藤本が、グループ経営の事業体について、「メンバー全員が、経営者であり、出資者であり、労働者である」[6]と記述していることから、明らかに、事業体が労働者協同組合的な特性を有していることがわかる。そうであるならば、グループ経営の事業体の内部では、必ず矛盾が生ずる。なぜなら、高齢の女性たちが経営する組織といえども、「資本の経済」に包摂される存在であることに変わりはないからである[7]。つまり、「コストダウン」に象徴される、企業組織的な経営が不可欠となる。しかしながら、その一方では、「メンバー全員が、経営者であり、出資者であり、労働者である」ゆえに、「経営に対するメンバーの意識の向上」が指し示す、労働者協同組合的な運営も重要となる。企業組織的な経営と労働者協同組合的な運営、双方のバランスをどのように結合するか。グループ経営の組織内管理では、この両側面からの分析が問われるのである。

　第二に、藤本の場合、整備すべき「従業員の労働条件」において、「若い女性が参入しやすい労働環境づくり」に固執している点である。その理由として、高齢者中心の事業体に若い女性の参入がなければ「経営に新しい活動を取り入れることが難しく」なり、「結果的に成長に向けた取り組みが行われなくなる」ことを挙げている[8]。ただし、藤本が取り上げた事例の多くは、調査時において60歳代の起業者たちであり、高齢層でも「実績をあげる事業体も出現して」

4)　角瀬保雄［2002a］125頁。
5)　資本主義社会における雇用労働は「労働力の売買を契機とする。売り＝有用労働の支出であり、買い＝賃金の支払いである」（石田光男［2003］80、90頁）。
6)　藤本保恵［2004］111頁。
7)　「自主的な雇用組織」である協同組合が抱える矛盾として、「資本の経済」に包摂されている存在であるため、「雇用労働という形態をとらざるをえない」ことが指摘されている（角瀬保雄［2002a］131頁）。
8)　藤本保恵［2004］135頁。

いると報告している[9]。女性高齢者の経営・管理能力が認められたならば、60歳以上の女性が参入しやすい労働環境づくりを検証するべきではないだろうか。

　以上をふまえ、本章では、農村女性のグループ経営が労働者協同組合的側面と企業組織的側面を併せもつことに着眼し、その両側面をバランスよく結合する組織内管理が、高齢女性グループ経営の継続性につながることを仮説として提起する[10]。この仮説に迫るため、およそ10年以上にわたり活動するType Ⅰ、Type Ⅱ、Type Ⅲの高齢女性グループ（以降、継続グループ）を対象に、組織内管理に焦点を合わせたケース・スタディの方法をとる。労働者協同組合的側面と企業組織的側面とが衝突しかねない状況のなかで、それがどのように結合しうるかを知るには、ケース・スタディが最も適切と思うからである[11]。

　叙述の順序は、第1節で各グループの起業経緯をふまえて組織の概要を示し、第2節で労働者協同組合的側面と企業組織的側面から、分業と調整、計画とコントロール、インセンティブ・システム、人の補充と育成を分析した後、小括で組織内管理の共通性をまとめる。

1.　組織の概要

(1)　グループの起業経緯

　本章で取り上げる3タイプの継続グループは、3点セット（「農産物加工場」「農産物直売所」「農村レストラン」が同一敷地に整備されている施設）で活動する任意団体である。Type Ⅰ：Aグループは「農産物加工場」、Type Ⅱ：Bグループは「農産物加工場」「農村レストラン」、Type Ⅲ：Cグループは「農産物加工

---

9)　藤本保恵［2004］132頁。

10)　労働者協同組合については、角瀬保雄［1995］、角瀬保雄［2002a］、角瀬保雄［2002b］を参照のこと。企業組織内の管理については、石田光男［2003］が参考となる。

11)　日本労働者協同組合センター事業団の事業所で就労する中高年女性（30〜50歳代の女性たち）を対象として、労働者の新たな意識が形成されていく過程を分析した丸山美貴子は、「労働者が形成的に出資者となっても、その意識と行動は日常の現場労働のあり方に大きく規定されている」と述べている（丸山美貴子［2000］87頁）。

場」「農産物直売所」「農村レストラン」を運営している。すべてＳ県内の市町村を活動地域とする女性だけの組織であり、地域農業の活性化を活動の主目的にしている。各市町村の農業地域類型は、Ａ市：平地農業地域水田型、Ｂ町：平地農業地域田畑型、Ｃ町：中間農業地域田畑型となる[12]。経営体設立後の組織内管理を分析する前提として、各グループの起業経緯を略説しておこう。

　Ａグループは、Ａ市によって整備された農産物加工場で2001年から生産活動を行っている。Ａ市は、県内有数の米どころとして知られる。地域の米と麦を使用した特産品を開発し、消費者に提供する直売所・物産館、レストラン、農業体験等の施設を農林公園に整備する構想が、Ａ市にもち上がった。整備費用には国庫補助の活用が決定されたが、採択には「女性の経営参画」という条件があり、女性の能力発揮の場として農産物加工場が建設されることとなった。その加工場、および加工体験教室を運営する女性グループとして、地元で集落営農を行う農家女性を中心に32人の女性が1人3万円を出資し、Ａグループが2000年に設立された。ただし、出資金は翌年に償還されている。

　Ｂグループの出発点は、Ｂ町の農家女性たちによる健康教室である。健康教室の延長として、1989年頃から地産地消の加工活動にも取り組んでいた。だが、使用していた農協の施設が老朽化し、新しい加工場の設置をＢ町に要望したところ、Ｂ町は、国庫事業の導入による地域食材供給施設（農協直売所、農産物加工場、農村レストラン）の整備を決め、農産物加工場および農村レストランの運営主体となる任意組合を立ち上げることとなった。組織の会員として、健康教室をはじめとする農村女性の各団体に声をかけ、役場広報による会員募集も行い、Ｂ町の女性28人が1人8万円を出資し、Ｂグループが2005年に発足した。なお、出資者は28人であるが、24人の就労者で営業を開始している。

　Ｃグループの活動は、初代会長がＳ県の農村女性アドバイザーに認定されたことから始まる。女性農業者の研修において農産物の加工活動に興味をもち、饅頭などの製造を開始した。1995年、地元の農家女性でグループを結成し、農協施設を借りた本格的な生産体制となり、地域内直売所に加工品を出荷していた。2004年、Ｃ町によって整備された加工場・直売所併設の農村レストラン運営の依頼が舞い込み、農家女性グループを中心にニュータウンの主婦たちも加

---

12)　農林水産省［2008］。

わり、中高年女性 19 人が 1 人 5 万円を出資し、C グループが誕生した。しかし、ニュータウンの主婦たちの多くは起業直後に退会している。

⑵　運営形態および年齢構成

　起業経緯からは、組織と活動地域との関係がうかがえる。ここで、各市町村の地域性、各グループの運営形態と年齢構成を確認しておこう。

　まず、活動地域とグループの類型を表 1-1 に整理したが、同県内の農業地域といえども地域性には差異があることが読み取れる。兼業農家率は、A 市が 84％、B 町が 86％、C 町が 79％である[13]。いずれの地域も、農家の兼業割合が約 8 割以上を占めるが、B 町が最も高い数値である。高齢化率は、A 市が男性 20％・女性 25％、B 町が男性 19％・女性 24％、C 町が男性 27％・女性 29％である[14]。15 歳以上の全産業就労率は、A 市が 56％、B 町が 55％、C 町が 51％である[15]。中山間地域に位置する C 町は、高齢化率が高いうえに全産業就労率が低いことがわかる。

　次に、運営施設での活動年数を算定すると、2013 年 11 月現在で A グループが 13 年目、B グループが 9 年目、C グループが 10 年目となる。運営施設の営業時間は、C グループが一番長く 10 時から 17 時、B グループは 11 時から 14 時（土曜・日曜は 14 時 30 分）、A グループは加工場においての生産活動が基本であり、営業時間の設定はない。いずれのグループも敷地内直売所および地域内店舗が主要販路であるが、A グループが年 10 日ほど、B グループ、C グループが年 20 日ほど、地域内外のイベントに出店している。

　最後に、年齢構成を表 1-2、図 1-1、図 1-2 で比較すると、3 グループ合計就労者の入会年齢は 50〜69 歳が全体の 8 割以上を占め、なかでも 60〜64 歳が最も多いことが見て取れる。一方、現在年齢の 8 割が 60〜79 歳である。ただし、A グループは 80 歳代後半、B グループは 80 歳代前半の成員がいるのに対し、C グループは 74 歳までの構成となっている。入会年齢も A グループ、B グループが 50 歳代以降であるのに比して、C グループの入会年齢は相対的に若い。

---

13)　農林水産省［2005］。
14)　総務省統計局［2010］。
15)　総務省統計局［2010］。

表 1-1　活動地域とグループの類型

	Aグループ	Bグループ	Cグループ
組織形態	任意団体 （みなし法人）	任意団体 （みなし法人）	任意団体 （みなし法人）
歴代会長の 性別・年齢層	女性 60歳代後半～80歳代前半	女性 60歳代前半～70歳代前半	女性 50歳代後半～60歳代後半
活動目的	地域特産物の消費拡大と、魅力的な加工品の開発、販売等を行い、農業の活性化に資するとともに、会員の所得増大をはかる。	地元農産物の加工に取り組み、農産物の付加価値化、販売の拡大、雇用機会の創出などにより、農業の振興および地域経済の活性化に寄与する。	地域の農産物を活用した加工販売等の活動を通して、地域住民の交流と会員相互の親睦を深めるとともに、地域農業の活性化と住みよい町づくりに貢献する。
活動地域	A市	B町（2007年～　B市）	C町
地域類型 注①	平地農業地域　水田型	平地農業地域　田畑型	中間農業地域　田畑型
農家割合 注②	専業16%　兼業84%	専業14%　兼業86%	専業21%　兼業79%
高齢化率 注③	男性20%　女性25%	男性19%　女性24%	男性27%　女性29%
就労率 注④	15歳以上・全産業56%	15歳以上・全産業55%	15歳以上・全産業51%
運営施設	農産物加工場	農産物加工場 農村レストラン	農産物加工場 農産物直売所 農村レストラン
運営開始年月	2001年4月	2005年11月	2004年4月
営業曜日 ・時間	※加工場に営業曜日・時間の規定はないが、基本的に年中無休、午前中の生産活動である（年末年始を除く）。	火水木金土日（月曜定休） 11：00-14：00　食事 （土日　-14：30）	月火水木金土日（木曜定休） 10：00-17：00　直売所 11：00-17：00　食事・喫茶
レストラン メニュー	―	うどん各種、カレーライス、ほか	うどん各種、アイスクリーム、ほか
加工場 製造品	饅頭、味噌、梅干、ほか	饅頭、ジャム、豆腐、弁当、ほか	饅頭、味噌、弁当、惣菜、ほか
販路 （レストラン除く）	敷地内直売所 地域内7店舗 イベント出店（約10日／年） 加工体験教室、ほか	敷地内直売所 地域内2店舗 イベント出店（約20日／年） 高校生等伝承活動、ほか	敷地内直売所 地域内3店舗 イベント出店（約20日／年） 障がい者等配食、ほか

出所）　2013年11月現在における聞き取り調査、および各グループの内部資料による。
注）　①　地域類型は、農林水産省［2008］にもとづく。
　　　②　農家割合は、農林水産省［2005］にもとづく（小数以下四捨五入）。
　　　③　高齢化率は、総務省統計局［2010］における、男性人口の65歳以上の割合、女性人口の65歳以上の割合である（小数以下四捨五入）。B町は2007年に近隣市と合併したため、合併後の数値となる。
　　　④　就労率は、総務省統計局［2010］における、15歳以上人口の就労者（全産業）の割合である（小数以下四捨五入）。B町は2007年に近隣市と合併したため、合併後の数値となる。

表1-2　入会年齢と現在年齢の構成

(単位：人)

	入会年齢 注①				現在年齢 注②			
	Aグループ	Bグループ	Cグループ	計	Aグループ	Bグループ	Cグループ	計
35~39歳			1	1				0
40~44歳			1	1				0
45~49歳			2	2			3	3
50~54歳	1	1	2	4			1	1
55~59歳	4	6	3	13			2	2
60~64歳	4	4	7	15	3	5	6	14
65~69歳	2	2		4	3	5	3	11
70~74歳	1	1		2	3	3	1	7
75~79歳	1	1		2	3	0		3
80~84歳				0	0	2		2
85~89歳				0		1		1
計	13	15	16	44	13	15	16	44

出所)　2013年11月現在における就労者の入会年齢と現在年齢である。就労者は開業後に入会した成員を含む。
注)　①　入会年齢とは、運営施設において実際に働き始めた年齢をいう（開業以前の準備期間を除く）。
　　②　Cグループは、75歳定年退職制を導入している。

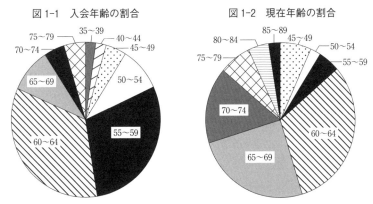

図1-1　入会年齢の割合　　　　　図1-2　現在年齢の割合

出所)　2013年11月現在における3グループ合計就労者の入会年齢と現在年齢である。就労者は
　　開業後に入会した成員を含む。

　これらの図表から次のことがいえる。年齢構成は、地域性や組織の運営形態から影響を受ける可能性がある。継続グループのなかで最も年齢構成が若いのがCグループであるが、Cグループが活動する地域は全産業就労率が最も低く、Cグループが運営する施設の営業時間は、継続グループのなかで最も長い。しかし、いずれの組織においても60歳前後以降の女性がグループ経営に参入で

きることに加え、少なくとも 75 歳前後までは就労可能な組織内管理が行われ
ていることを示唆している。

2. 組織内管理の実態

(1) 分業と調整

　それでは、組織内管理の実態に入ろう。表 1-3、表 1-4、表 1-5 は、各グルー
プの就労構造を表したものである。

　Aグループは曜日別のシフトである。2013 年 11 月現在で、月曜日が 4 人、
火曜日から日曜日までが 5 人体制である。月曜日の人数が 1 人少ないのは、同
一敷地内にある「農産物直売所」の定休日が月曜日であることによる。ただし、
Aグループの販路は敷地外に 7 店舗あり、生産活動は月曜日も行う。1 日の就
労は早朝 6 時から始まり、平日は 12 時前後まで、土曜・日曜・祝日は 14〜15
時まで加工生産を行う。途中、20 分ほどのお茶休憩が 2 〜 3 回入る。これを、
1 人あたりの労働時間に換算すると、1 日 5 〜 8 時間が週に 3 日となる。ただ
し、就労 13 年目の 87 歳と、1 年目の 70 歳の就労者は週 2 日の労働である。
なお、農作業に従事する女性が多いことから、農繁期の就労シフトは容易に交
替ができるようになっている。また、会計（経理）担当者の場合は、配偶者介護
のために自宅就労が許されている。さらには、会員が体調不良になった場合は、
長期休養をとることも認めている。

　Bグループの分業は部門別である。2013 年 11 月現在において、会長 1 人、
加工・菓子部 4 人、加工・豆腐部 4 人、レストラン部 6 人の体制である。各部
門内でシフトを組み、1 日あたり加工・菓子部が 3 〜 4 人、加工・豆腐部が 3
〜 4 人、レストラン部が 4 〜 5 人で活動する。加工・菓子部は 8 時から始まり
13〜14 時までの就業、加工・豆腐部は 7 時から始まり 12〜13 時までの就業で、
どちらも 15 分間のお茶休憩が 1 回である。生産活動の終了時刻に幅があるのは、
その日の売上状況に対応しているためであり、豆腐部は手づくり少量販売のた
め週 3 〜 4 日の生産となっている。レストラン部は、8 時の朝礼から始まり 16
〜17 時が終了時刻で、休憩はレストラン開店 11 時以前のお茶休憩 15 分間と、
閉店 14 時（土曜・日曜は 14 時 30 分）以降の昼食憩 45 分間である。1 人あたり

表1-3　Aグループの就労構造

	役員・職務		部署 就労人数／日 就業時間／日	入会 年齢 (歳)	入会 出資 注①	就労 年数 (年目)	現在 年齢 (歳)	受給 年金 注②	労働 日数 ／週	世帯内役割	
										家事労働 注③	農作業 注④
1	相談役(初代会長)			66	○	13	78	△	3日	△	◎
2	会長			62	○	13	74	△	3日	△	◎
3	副会長			63	○	13	75	△	3日	△	△
4	会計	木曜班長		58	○	13	70	△	3日	△	◎
5		水曜班長	加工場 4〜5人／日 始　6時 (茶休憩20分 2〜3回) 終　12〜15時	57	○	13	69	△	3日	△	◎
6		土曜班長		75	○	13	87	△	2日	△	◎
7		日曜班長		66	○	13	78	△	3日	△	×
8	監事	月曜班長		58	○	8	65	△	3日	○	△
9	監事	金曜班長		55	○	7	61	×	3日	△	△
10		火曜班長		60	○	5	65	△	3日	△	△
11				64	○	2	65	◎	3日	△	△
12				70	○	1	70	◎	2日	△	△
13	会計(経理)		自宅就労	50	○	13	62	—	○	◎	◎

出所)　2013 年 11 月現在の聞き取り調査である。

注)　①　入会出資は、設立時において 1 人 1 口 3 万円であったが、2 期目に償還を行っている。

　　②　受給年金：×なし(先送り含む)、△国民年金のみ、○厚生年金あり、◎共済年金あり、を表す。

　　③　家事労働：×なし、△炊事・洗濯・掃除のみ、○孫等の育児あり、◎老親等介護あり、を表す。

　　④　農作業　：×なし、△自家菜園の管理のみ、○農繁期に農作業、◎日常的に農作業、を表す。

の労働時間は、加工・菓子部が 1 日 5 〜 6 時間で週に 5 日、加工・豆腐部が 1 日 5 〜 6 時間で週に 3 〜 4 日、レストラン部が 1 日 7 〜 8 時間で週に 4 〜 5 日ということになる。営業時間に縛られるレストラン部は加工部に比べ労働時間が長く、身体に負担がかかりやすい。腰・膝等が痛いときは無理をせず休み、会長ないし豆腐部の人員によって補充されている。会長は、全部門の統括者であり、事務作業と組織外との諸対応も行う。

　C グループは、レジ・事務の担当者と加工場・厨房の就労者に分かれる。2013 年 11 月現在で、レジ・事務の担当者が 2 人、加工場・厨房の就労者が 14 人である。1 日あたりの配置人数は、レジ・事務担当者が 1 〜 2 人、加工場・厨房の就労者が 6 〜 11 人となる。やはり土曜・日曜の就労人数が多い。C グループの場合、就業時間は就労者により異なる。レジ・事務の担当者は、9 時に仕事が始まり 14〜15 時に終了するが、加工場・厨房においては 6 時から 17 時

表1-4　Bグループの就労構造

	役員・職務		部署／就労人数／日／就業時間／日	入会年齢（歳）	入会出資 注①	就労年数（年目）	現在年齢（歳）	受給年金 注②	労働日数／週	世帯内役割 家事労働 注③	世帯内役割 農作業 注④
1	会長		8時前後-17時前後	55	○	9	63	×	5～6日	△	×
2	副会長	部長	加工・菓子部 3～4人／日 始 8時 （茶休憩15分） 終 13～14時	76	○	9	84	◎	5日	△	◎
3	書記	副部長		72	○	9	80	◎		△	◎
4	書記			61	○	9	69	◎		△	×
5	監事			59	○	9	67	◎		△	△
6	副会長		加工・豆腐部 3～4人／日 始 7時 （茶休憩15分） 終 12～13時	66	○	9	74	◎	3～4日	△	◎
7		副部長		63	○	9	71	◎		△	◎
8	監事			56	○	9	64	◎		△	×
9		部長		55	○	9	63	○		△	△
10		部長	レストラン部 4～5人／日 始 8時 （茶休憩15分） （昼食憩45分） 終 16～17時	63	○	9	71	○	4～5日	△	△
11		副部長		60	○	9	68	○		△	△
12	会計			59	○	9	67	△		△	△
13	会計			53	○	9	61	○		△	△
14				59	○	4	62	○		△	△
15				65	○	1	65	○		△	△

出所）　2013年11月現在の聞き取り調査である。
注）　①　入会出資は、1人1口8万円である。
　　　②　受給年金：×なし（先送り含む）、△国民年金のみ、○厚生年金あり、◎共済年金あり、を表す。
　　　③　家事労働：×なし、△炊事・洗濯・掃除のみ、○孫等の育児あり、◎老親等介護あり、を表す。
　　　④　農作業　：×なし、△自家菜園の管理のみ、○農繁期に農作業、◎日常的に農作業、を表す。

30分の時間帯のうち、2～9時間の就労となる。これは、運営する直売所・レストランの営業時間が10時から17時であるうえ、他店へ納品する加工品の製造を6時から開始することによる。また、起業当初の会員が過多ではなかったうえに激減したことで、人員を多く補充する必要があり、就労者の希望にかなう柔軟な勤務体制ができあがっていった。就労年数8年以下の就労者の世帯内役割を見ると、農作業の役割がない女性がほとんどである。これは、就労率が低い地域性を反映し、非農家女性も多く入会してくるためである。1日の労働時間を年齢層別に見ると、50歳代が最も長く、次に60歳代前半、60歳代後半以降の順であり、40歳代が最も短い。1週間の労働日数を役職の有無で比較すると、役員は労働日数が多いことがわかる。また、60歳代前半では年金が未受

表1-5　Cグループの就労構造

	役員	部署 就労人数／日 就業時間／日	入会年齢（歳）	出資金 注①	年会費 注②	就労年数（年目）	現在年齢（歳）	受給年金 注③	労働時間／日	労働日数／週	世帯内役割 家事労働 注④	世帯内役割 農作業 注⑤
1	会計		55	○	○	10	64	×	2～7時間	5日	◎	◎
2	副会長		60	○	○	10	69	○	4～7時間	5日	○	◎
3	監事		63	○	○	10	72	△	3～7時間	4日	△	○
4	監事		57	○	○	10	66	△	3～7時間	4日	△	◎
5	会長		47	○	○	10	56	×	5～9時間	5日	◎	○
6	副会長	加工場・厨房 6～11人／日 始　6時～ 注⑥ 終　～17時30分	53	○	○	6	59	×	2～9時間	5日	△	×
7	会計		51		○	4	54	×	7～9時間	4日	△	×
8			64	○	○	4	67	△	3～6時間	3日	△	△
9			61		○	3	63	×	3～7時間	3日	×	○
10			59		○	2	61	×	5～8時間	4日	×	△
11			62		○	2	63	○	7～8時間	4日	△	×
12			49		○	1	49	×	4～7時間	2日	△	×
13			63		○	1	63	○	6～7時間	3日	△	×
14			61		○	1	61	×	5～8時間	2日	△	×
15		レジ・事務 1～2人／日 始　9時 終　14～15時	40		○	8	48	×	5～6時間	3～4日	△	△
16			39		○	7	46	×	2～6時間	1～2日	△	△

出所）　2013年11月現在の聞き取り調査である。
注）　①　出資金は、1口5万円であったが、2012年4月の総会において1口1万円に変更された。
　　　②　年会費は、1人年額3千円である。
　　　③　受給年金：×なし（先送り含む）、△国民年金のみ、○厚生年金あり、◎共済年金あり、を表す。
　　　④　家事労働：×なし、△炊事・洗濯・掃除のみ、○孫等の育児あり、◎老親等介護あり、を表す。
　　　⑤　農作業　：×なし、△自家菜園の管理のみ、○農繁期に農作業、◎日常的に農作業、を表す。
　　　⑥　就業時間は、就労者により異なる。

　給である就労者が見られるが、年金受給を先送りしている就労者のほうが、労働日数が多い傾向にある。なお、役員が日替わりで行う閉店後のレジ締め担当者以外は、業務状況に応じて仕事の終了時刻を判断している。
　就労構造の検討から以下のことが確認できる。まず、消費者ニーズに合わせた就業時間である。とくに仕事の終了時刻は固定化せず、日々の売上状況等に応じた生産活動である。これは、組織としての利益追求といえる。それを就労者自らが判断し調整していることに特徴がある。つまり、就労者が利益追求の

経営に参加しているのである。また、いずれのグループも、就労者の体力・体調や世帯内役割、あるいは年金受給の有無などを考慮に入れた分業体制である。すなわち、労働市場では顧みられない高齢女性たちが望む労働条件を、自ら構築しているといえる。これらの柔軟かつ自主的な就労構造は、労働者が自ら出資して所有者となり、経営と労働を行う労働者協同組合の側面を表している。

(2) 計画とコントロール

次に、計画とコントロールを、年次計画、月次計画、日々の管理の順に説明しよう。

Aグループの年次計画は、年に1回の総会で承認される。総会には全就労者が参加する。昨年度の事業報告、収支決算、会計監査報告の後、今年度の事業計画案、収支予算案、役員の承認（2年ごと、再任回数限度なし）を全就労者で行う。役員は、会長1人、副会長1人、会計2人、監事2人であるが、自宅就労の会計（経理）担当者と監事2人を除いた成員に、相談役（初代会長）が加わる役員会が随時開かれる。この役員会での話し合いをもとに、月1回の全体会議によって月次計画が決定される。加工体験教室の日程と申込人数、地域住民や学校からの注文、イベント出店の日程などが印刷物となって全員に配られ、生産活動の時間帯と担当者を決めていく。日々の管理は、役員から任命された曜日班長が責任者となる。まず、その日の役割分担を指示し、過去のデータ、天気、客層、来園客の入り具合を見ながら生産量を判断する。その後も直売所での売れ具合に応じて生産し、生産終了時には、出勤簿、出来高帳、出荷帳、売上帳にデータを記録して、翌日への申し送りとする。なお、売れ残り商品は値引きをせず、翌日のお茶休憩に全員で食することになっている。

Bグループの年次計画は、出資者により年に1回の総会において承認される。出資者は、食事および商品を1割引で購入できる特典もあり、就労者および地域女性、また退職後も出資者であり続ける会員が多い。承認事項は、事業報告および収支決算、会計監査報告、事業計画案および収支予算案、そして役員の選出である。役員は2年ごとに何度でも再任可能であり、会長1人、副会長2人、会計2人、書記2人、監事2人となっているので、構成員の多くが何らかの役職に就いている。役員に各部の部長、副部長、それに税理士を入れて、月

に1回ほど運営会議が開かれる（ただし、書記と監事は任意出席）。税理士が会計資料を見ながらコメントし、出席者は気がついたこと、不平・不満などを言い合う。日々の管理は、各部において選出された部長ないし副部長の責任である。人員配置、生産量、勤務時間、シフト作成などは、会長への報告と承諾を得ながら決定する。生産量および生産終了時刻は、直売所での売れ具合、客の入り具合を随時見ながら判断していく。加工品の価格は「値引きもしないし値上げもしない」が信条であり、売れ残りは、就労者のなかから希望する人が半額で購入している。

　Cグループも、全会員出席による年に1回の総会が開かれる。Cグループの場合、出資金ないし年会費を納める就労者が会員である。総会では、昨年度の事業報告、収支決算、会計監査報告、今年度の事業計画案、収支予算案、および役員が承認される。役員は、会長1人、副会長2人、会計2人、監事2人であり、2年ごとに役職を交替していく。たとえば、会計の次に副会長、副会長の次に会長、そして監事という順番である。月次計画は、月に1回の会員ミーティングで調整する。シフトやイベント出店の確認、商品開発、メニュー変更、人員募集、客の苦情の件まで、あらゆることを話し合う。日々の管理は、役員を中心に生産品ごとの担当者が行う。担当者については、熟練度に留意しながら役員が任命している。Cグループの運営施設では、直売所のレジと連携した売上情報がパソコンで確認でき、他店に出荷している加工品の売上も携帯電話で情報を得られる仕組みである。これらのデータと曜日、天候などを見ながら生産量を確定していく。売れ残りについては、閉店の30分前から半値に下げて販売し、就労者も購入できる。日持ちする商品は、翌日の休憩時間での軽食としている。なお、通常商品も1〜2割引で購入できる会員割引制度がある。

　計画とコントロールをまとめると、どのような共通性が見られるだろうか。まず、年次計画は全会員により承認され、月次計画も基本的には全就労者により確認されている。これは、構成員の直接的な意思決定による運営であり、やはり労働者協同組合的な側面といえよう。一方、日々の管理はラインの役職者が務め、少量生産における利潤獲得を目標として、販売量に応じた製造を管理者の裁量にもとづいて行っている。役員からの任命と相互選出の相違はあるものの、垂直的な統制であり、企業組織的な面といえる。なお、会員である労働

表 1-6　就労者数と金銭報酬の推移

	Aグループ					Bグループ					Cグループ				
	就労者数(人)注①	1人あたり				就労者数(人)注①	1人あたり				就労者数(人)注①	1人あたり			
		売上(万円)注②	時給(円)	決算賞与 注③	出資配当 注④		売上(万円)注②	時給(円)	決算賞与 注③	出資配当 注④		売上(万円)注②	時給(円)	決算賞与 注③	出資配当 注④
平成13年度 2001.4~2002.3	32	7	300		—										
平成14年度 2002.4~2003.3	26	55	400		—										
平成15年度 2003.4~2004.3	26	60	400		—										
平成16年度 2004.4~2005.3	20	79	600		—						19	—	300		
平成17年度 2005.4~2006.3	22	62	600		—	24	56	350			14	196	500		
平成18年度 2006.4~2007.3	19	78	600		—	23	148	690	○		17	182	650		
平成19年度 2007.4~2008.3	18	99	600		—	21	172	710	○		17	184	700 ~800		○
平成20年度 2008.4~2009.3	17	139	600	○	—	20	194	730	○		16	246	700 ~800		○
平成21年度 2009.4~2010.3	17	176	600		—	19	214	740	○		15	286	700 ~800	○	○
平成22年度 2010.4~2011.3	16	138	600	○	—	18	195	750			14	267	700 ~800	○	○
平成23年度 2011.4~2012.3	15	130	700		—	17	201	760	○		14	248	700 ~800	○	○
平成24年度 2012.4~2013.3	13	137	700		—	17	188	770			14	248	700 ~800	○	○
平成25年度 2013.4~2014.3	13		700 ~800		—	15		780			16		700 ~800		

出所)　2013年11月現在の聞き取り調査、および各グループの内部資料による。
注)　①　就労者数については、初年度が運営開始月の人数、以降は各年度の平均的な人数である。
　　　②　1人あたりの売上は、総売上高を就労者数で割った数値である（千の位で四捨五入した）。
　　　③　決算賞与：○は、賞与が出た年度を表す。
　　　④　出資配当：○は、配当が出た年度を表す。Aグループは出資金を償還しているため配当はない。

者が家庭内役割を担う消費者でもあることを勘案すると、会員割引制度による
格安な食品購入や飲食は、生活協同組合的な要素であるといえる。

⑶　インセンティブ・システム

　では、インセンティブ・システムとして何が挙げられるだろうか。第2章で
も触れるが、グループでの「働きがい」を尋ねた質問では、①金銭的な見返り
があり、自由に使える収入を得られること、②商品化することを考え、安全・
安心な食べ物を製造し、地域の特産品を開発すること、③休憩時間のお喋り、
食事会、慰安旅行などによる職場仲間とのコミュニケーション、という回答が
多い。だが、金銭報酬、商品開発、仲間づくりのコミュニケーションは相互に
矛盾するところも内包している。たとえば、商品化だけを見ても単なる利益を
追求する場合と地域の評判を重視する場合とではその意味が違うし、金銭的な
見返りに対する欲求と職場仲間の友愛を求める欲求との間にも衝突する余地が
ある。このようなインセンティブのジレンマをどのように調整しているかを見
よう。

　Aグループの金銭報酬は時給制である。事業開始年度は時給300円から始ま
り、400円、600円と比較的ゆるやかに上昇し、13年目の現在では、年功によ
るインセンティブとなっている。10年以上の就労者が800円、5年以上10年
未満が750円、5年未満が700円である。Aグループは、運営開始以前の準備
段階において1人1口3万円の出資金を募ったが、翌年に償還しているため配
当はない。利益が生じた年度は、決算賞与として役職に応じた分配を行ってい
る。また、地域イベントに年10日ほど出店するが、売上が多い日は「大入り
袋」を出し士気を高めている。さらに、Aグループにおいて重要なのが、年に
2回の慰安旅行と、日に2度のお茶休憩である。慰安旅行は視察も兼ね、冬は
グループ経営の先進地への一泊旅行、夏は果実狩りなどの日帰り旅行に全員で
出かける。収益から旅行費用を毎月積み立て、翌日からの労働意欲につながる
よう、高級旅館に宿泊するという。お茶休憩も、その日の配達当番が加工場に
戻ってから一斉に憩う慣行である。これは、配達途中での道草防止にもなる。
お茶休憩には、各自試作した調理品をもち寄り、世間話に花を咲かせる。この
試作品が商品化されるケースもある。ただし近年は、商品化の費用を抑えるた
め、補助金による農林振興センター（S県・農林部の出先機関）との共同開発が
多くなっている。

　Bグループの金銭報酬は会長が月給制、その他の就労者が時給制である。時

給350円から経営をスタートし、S県の最低賃金に準じて時給を増額している。Bグループは設立時からの出資制度を維持し、1人1口8万円の出資金を入会時に納める規定だが、配当は出していない。やはり、決算時に生じた利益を賞与として、役職と労働時間により配分している。だが、時給額が800円近くなった現在では、賞与も出にくくなっている。そのため、商品開発・製造にもコストを削減しようとする意識が強く働く。たとえば、豆腐部の製造での残余は厚揚げとなり、不用なオカラはコロッケとなる。レストラン部ではサラダとなり、菓子部ではオカラ入りカリントウとなる。地元の農業高校、農林振興センターとの共同開発で補助金を活用することも多く、新商品・新メニューの開発ヒントとなる視察旅行、料理教室、講習会等も、農林振興センター主催の無料研修に参加する。なお、休憩時間のお喋りは、各部ごとに茶と菓子等を食しながら一同に楽しんでいる。

　Cグループも、Aグループと同様、全就労者が時給制である。やはり、300円から事業を開始しているものの時給の上昇カーブが急であり、4年目には700〜800円に達している。時給の設定は、就業時間帯に応じたインセンティブとなっており、朝7時以前は800円、7〜8時は750円、8時以降は700円である。Cグループの出資金は1人1口5万円であり、出資者のなかから役員が選出され、役員報酬と出資に対する配当もされている。ところが、就労希望者の多くは出資を拒むという。そこで、年会費という制度をつくり、年3,000円を納めた就労者には、労働日数・時間に応じた賞与を支給している。ただし、レジ・事務担当の40歳代女性は出資金および年会費とも納めず、時給800円で無賞与という賃金体系である。コミュニケーションにおいては、定休日のミーティングと旅行を重視している。Cグループは成員ごとに就業時間が異なるため、一斉に休憩し会話を楽しむことが困難である。代わりとして、月に1度の施設内清掃後に昼食会を兼ねた会議を開き、年に2回は日帰り旅行に出かける。役場主催の直売所視察が1回、地元の婦人会に便乗する味覚の旅が1回である。旅行の会費は1回あたり1人1,000円である。なお、ミーティングと旅行は、経営者感覚を養うという意図もある。商品開発については、農林振興センターからの「補助金で開発してください」との依頼に応じ、役員が中心となり取り組んでいるが、役員以外でも希望者は参画できるという。

　以上が金銭報酬、商品開発、コミュニケーションについての実態である。金銭報酬は企業組織的要素が強い。パート労働にもとづく時給制であり、年功あるいは就業時間帯を考課した賃金設定である。剰余配分である決算賞与も役職ないし労働日数等を評価した報酬となっている。要するに、組織への貢献度を基準とするインセンティブといえる。これに対し、商品開発とコミュニケーションは労働者協同組合的な側面を示している。商品開発には基本的に全就労者が携わることができ、コミュニケーションも成員のすべてが参加することを目指し、かつ成員全員が女性である組織の特徴を生かすものとなっている。お喋りを通した職場仲間との結びつきは、女性が仕事を続けていくうえで欠くことのできないインセンティブ・システムであるといえよう。

⑷　人の補充と育成

　活動継続の重要な指標となる1人あたりの金銭報酬は、就労者数の減少と反比例する傾向にある。また、運営施設の営業時間が長いグループほど1人あたりの売上高が多いことが、表1-1（営業曜日・時間）と表1-6との照合でわかる。だが、1人あたりの売上高が上がれば労働時間も長くなり、収益と体力・体調とのバランスをどこに置くかが、各グループの課題であろう。このバランスは、構成員の補充あるいは育成の問題に関わる。最後に、人の補充と育成を考察する。

　Aグループは、32人で出発し、13年目の現在は13人で生産活動を行っている。このうち、設立時からの熟練者（以降、起業メンバー）が8人、設立後に入会した後継者（以降、新メンバー）が5人である。新メンバーの入会年齢は、55歳、58歳、60歳、64歳、70歳であり、「50歳代後半から60歳代で入ってくる人が多く、これより若い人は入らない」という会長の言葉を裏づけている。それは、就労日数と時間に関係する。Aグループの就労日数は週に3日ほどであり、就業時間は通常でも朝6時から、イベント出店のときには深夜2時から生産を開始することもある。したがって、夫や子の朝食準備を担いつつ、家のローン返済、子の教育費を稼ぐ目的で働く年齢層には敬遠される。そこで、早期退職、定年退職等で調理関係の仕事を辞めた知人・縁者を誘っている。採用後は、配達能力、熟練者との人員バランスに配慮しながら、就労曜日を決定する。

曜日班長をはじめとする熟練者が手ほどきし、農林振興センターとの商品開発にも参画を促す。だが、育成で最も重要なことは、パートタイマーからプロフェッショナルへの涵養であるという。金銭報酬が時給制であり、出資制度も廃止していることから、雇用労働者という感覚に陥りやすい。そのため、「利益が出なきゃ時給さげるからね」「〔イベント出店で〕売り切らなきゃ帰ってこないでね」などと厳しい言葉をかけることもあるという。また、月1回の全体会議は欠席者が出ないよう給料日に開き、茶話会を兼ねた形式で、新メンバーにも発言を促している。

　Bグループは、28人の出資者、24人の就労者でスタートし、9年目の現在は24人の出資者、15人の就労者である。基本的に、全就労者は出資者である。現在の就労者のうち起業メンバーは13人、新メンバーは2人であり、59歳と65歳で入会している。その理由についてBグループの会長は、「60歳前後に声をかける。それより下の年齢では子供の関係があってダメ」と話す。子供が独立するまで、通常の女性は土曜・日曜の就労を避けるという意味である。また、比較的都市部に近く、50歳代でもパートタイムであれば「働き口」がある。したがって、Bグループも早期退職、定年退職後の地域女性だけが入会してくるという。入会後は各部に配属され、農林振興センター主催の無料研修を受けることになる。だが、これまでのところ新メンバーの補充はレストラン部だけである。ほぼ午前中の活動であるゆえ、80歳代の起業メンバーが2人も残っている加工部に比すれば、営業時間と繁盛具合に即して長時間労働になりがちなレストラン部では、70歳代後半で退職する傾向があるからである。

　Cグループは10年目の活動で、起業メンバーが5人、新メンバーが11人である。これは、起業当初に退会者が多かったことと、定年退職制の導入で熟練者が75歳で引退することによる。調理関係の経験者だけでなく広く人材を募る必要があり、運営施設内および地域の直売所に従業員募集の掲示を行っている。掲示では、「60才前後まで、土日出勤可能な方、時間はご相談に応じます」とある。つまり、60歳代まで新規入会の年齢を上げ、できる限り希望の時間帯に就労できる仕組みを制度化したのである。入会時の年齢を見ると、39〜64歳と非常に幅広い。50歳代以下の入会者が比較的多いのは、15歳以上の就労率が低い地域性も関与していると考えられる。ただし、40歳前後で入った就労者

は9時から出勤するレジ・事務の担当であり、加工場・厨房での新メンバーの多くは60歳代前半で入会する。それでも早朝勤務は忌避され、6時からの出勤者はほとんどが起業メンバーである。入会後は、要望と能力により配置し、熟練者が1人ついて指導する。「経験がなくても調理が嫌いじゃない人が来るから1週間あれば覚える。皆、60歳を過ぎていても元気で働ける」と会長は話す。研修は、農林振興センター主催の無料講習会が年10回ほど用意されている。しかし、家事労働や農作業に従事していることもあり、研修には出たがらないという。就労者の希望に沿う融通性のある分業により、多くの新メンバーを獲得できてはいるものの、グループ経営としての後継者は育ちにくいというジレンマを抱えている。

　以上のことから、各グループとも60歳代を後継の人材として採用していることがわかる。60歳以上は労働市場から排除されやすい年齢層であり、労働者協同組合ないし高齢者協同労働の一面を見せている。だが、労働市場から排除された高齢女性といえども、家庭内役割を担い続けることに変わりはなく、雇用労働者としてのパートタイムを志向することがうかがえる[16]。つまり、経営には関わらずに働く、企業組織的な就業を望む傾向がある。ゆえに、就労希望者の意向を考慮すればするほど、成員の補充はかなうものの、起業メンバーとの意識の相違を生み出すことになる[17]。このジレンマの解消、すなわち新メンバーを「経営者」として育成していく手だてが、茶話会・食事会を兼ねたミーティングであり、視察を兼ねた慰安旅行であるといえよう。

小　括

　以上、およそ10年以上にわたり活動するType Ⅰ、Type Ⅱ、Type Ⅲの高齢女性グループを対象に、組織内の管理を分析した。Type Ⅰ：Aグループは

16）　大森真紀は、高年齢期（50歳代後半）の女性が「短時間勤務で会社などに雇われたい」ことを望む理由として、「家事」「介護」の負担等、女性は「高年齢になっても性別役割分業から逃れられるわけではないこと」を挙げている（大森真紀［2010］10-11頁）。

17）　労働者協同組合における理事と一般組合員との間に存在する、経営問題に対する意識ならびに意思決定能力のギャップについては、塚本一郎［1994］を参照のこと。

「農産物加工場」、Type Ⅱ：Bグループは「農産物加工場」「農村レストラン」、Type Ⅲ：Cグループは「農産物加工場」「農産物直売所」「農村レストラン」の運営である。運営形態の相違は、営業時間の有無と長短であり、それが就労構造を規定する。Type Ⅰ：Aグループは「農産物加工場」での生産活動であるため営業時間がなく、就労者は基本的に早朝から昼頃までの労働となる。Type Ⅱ：Bグループは「農産物加工場」での早朝から昼頃までの就労部門と、営業時間（ランチタイム）に対応する「農村レストラン」での就労部門に分けられる。つまり部門制となる。Type Ⅲ：Cグループは「農産物加工場」での早朝から昼頃までの就労と、「農村レストラン」の営業時間（ランチタイム・喫茶タイム）、「農産物直売所」の営業時間（10〜17時）すべてに対応するため、就労時間は成員ごと異にするスタイルとなる。運営形態が異なれば、就労構造にも違いが現れるが、組織内管理には次のような共通性が見られる。

　第一に、労働者協同組合的管理の側面である。まず分業においては、個人の体力・体調、世帯内役割、年金受給の有無などを思慮に入れた柔軟な勤務体制を構築していることが重要である。そのうえで就業時間、なかんずく仕事の終了時刻については、その日の売上状況などに応じて就労者自らが調整している。また、事業報告および事業計画の確認等を目的に、年に1回の総会、月に1回のミーティングを開き、基本的には就労者全員が参加し意思決定を行っている。これらは、労働者が自ら出資して所有者となり、経営と労働を行う労働者協同組合的な特徴といえる。さらに、インセンティブ・システムとして重視すべきは、その日の就労者全員が一同に休憩を取り会話を楽しんでいることである。「お喋り」や「仲間との結びつき」は、女性高齢者の生きがいとして挙げられ、健康効果も取りざたされている[18]。聞き取り調査においても、「楽しく世間話できることが仕事を長く続けられる秘訣」「言いたいことを言い合えるのが元気に働ける秘訣」という声が多い。

---

18)　高齢者の生きがいについて性別分析を行った山本百合子は、女性高齢者の生きがいの特徴として「おしゃべり」を挙げている（山本百合子［2005］77頁）。また、農村地域に居住する男女高齢者を調査した大森純子は、「仲間との結びつき」がお互いの価値観を認め合うことであり、健康につながることを述べている（大森純子［2004］16-17頁）。

　第二に、企業組織的管理の側面である。これには２つが挙げられる。１つは、時間給による、労働と報酬とのシビアな対応関係である。年功あるいは就業時間帯を考課した時給制による労働報酬、役職ないし労働日数等を評価した決算賞与は、企業組織的なインセンティブ・システムといえる。しかし、このことが設立時からの起業メンバーと後継の新メンバーとの間に意識の相違を生み出す。後継の新メンバーに関しては、出資者がわずかであることから雇用労働者（パート労働者）としての認識が強くなる傾向が見て取れる。このジレンマの解消方法として実施しているのが、茶話会・食事会を兼ねたミーティングであり、視察を兼ねた慰安旅行である。組織としてのコミュニケーションがはかられ、経営者感覚を醸成する狙いもある。もう１つは、利益を残すために日々行われる垂直的な生産管理である。女性高齢者が無理のない労働により利潤を得るには、生産品の余剰を抑えることが肝要である。ゆえに、過去のデータ、天候、客の入り具合を見ながらの生産量の調整が不可欠になる。調整に成功しなかった場合の策としては、売れ残り製品を就労者たちが半値で購入するか、あるいは休憩時間において無料で食することが多い。値崩れ防止が主目的であるが、家庭内役割を担う女性にとっては利点ともなる。

　こうして見ると、労働者協同組合的な側面と企業組織的な側面とを、成員相互の会話による仲間づくりを重視したシステムで結合していることがわかる。茶話会・食事会を兼ねたミーティングや、視察を兼ねた慰安旅行などがこれにあたる。この結合システムは、女性高齢者の生きがい、すなわち「お喋り」や「仲間との結びつき」にも通じ、グループ経営への参加と継続を促進する重要なファクターである。

　さらに第三として、労働者協同組合的管理と企業組織的管理とで経営のバランスをとりながら、地域資源を経営資源として内部化していることが挙げられる。調査した３タイプのグループは、およそ10年以上にわたり活動している組織であるが、労働市場から排除されがちな60歳以上の地域女性を新メンバーとして迎えていることに共通点がある。料理教室や講習会などの研修参加を促し、研修等で得られた情報をもとに、地域農産物を使用した新たな商品開発

にも取り組んでいる。これらの研修はＳ県の農林振興センターが主催者となることが多く、参加費は無料である。また、商品開発にも公的な補助金を利用することが多々ある。このことは、地域の人的資源、物的資源、情報的資源、および財務的資源を効果的に活用していると換言できよう。

第**2**章　高齢女性グループと家族・集落との関係

はじめに

　本書は、ベティ・フリーダンの「人間らしい仕事」に依拠し、「仕事、家庭、そのほかの関心事」をうまく両立させることが、高齢女性グループ経営の継続性につながるとの仮説に立つ。だが、我が国の農村では「（新）性別役割分業」や「家父長制」が根深い。すなわち「男がペイド・ワーク／女がアンペイド・ワーク（＋ペイド・ワーク）」、および「男（舅、夫）が上（あるいは主）／女（嫁、妻）が下（あるいは従）」という社会規範である[1]。それは、家族だけでなく集落にも内在し、「女性」対「女性」の間にも存在する。そのような規範に、どのように対処し、「仕事、家庭、そのほかの関心事」をうまく両立させ、グループ経営を継続させているのかを解明するのが、本章の課題である。伝統的な規範に対処しながら、「仕事、家庭、そのほかの関心事」を両立させるためには、高齢

---

1)　戦前の農村における女性労働の地位について、稲田昌植は「主たらずして従なるに其の価値を有する」と述べ（稲田昌植 [1917] 289頁）、丸岡秀子は「あくまでも家長に従属する家族労働の一部分」と表現した（丸岡秀子 [1980] 26頁〈ただし初版は1937年〉）。戦後の農地改革直後においては、「農家婦人の労働と生活における性差別」が強く残存していたことを、美土路達雄が明らかにし（美土路達雄編著 [1981] 250-251頁）、1990年代の農村においても、小所有者・経営主の男性と無所有者・無権利的な労働者である女性との格差には「経営者と従業員という職掌分担上の指揮・従属の関係すら加重化されている」と、吉田義明は指摘した（吉田義明 [1995] 180頁）。さらに、2000年代においても、農村社会に存在する社会規範として、靏理恵子は「補佐役規範（男が前、女は後ろで補助）」「新・性別分業規範（男は仕事、女は仕事と家庭）」を挙げ（靏理恵子 [2007] 199-200頁）、田中夏子は「女性は農業経営や家庭生活を支えるのみならず、さまざまな地域活動も担っているが、その労働が経済的評価を得ることは少ない」と述べている（田中夏子 [2002] 76-77頁）。

女性の主体的な行動あるいは主体性の成長が必要となる。本章では、この主体
性の発現において、第1章で検討した、労働者協同組合的側面と企業組織的側
面とをバランスよく結合させた経験が、「仕事、家庭、そのほかの関心事」の両
立にも大いに役立つという点を重視する。

　ところで、序章で取り上げた中條曉仁の研究は、高齢女性グループと家族お
よび集落との関係に触れたものである。中條の調査によると、①1人暮らしの
65歳女性は、「家事に要する時間は」わずかで、「農産物加工や婦人会という地
域の活動に合わせて時間が柔軟に配分され」、②夫と2人暮らしの76歳女性は、
「農産物加工に加え農作業や家事を担っている」ので「自己の努力で〔農産物加
工の〕活動時間を捻出」し、③息子と2人暮らしの80歳女性は、「家族の理解
によって」農産物加工の「活動日における家事労働の一部」が「肩代わりされ
ている」という[2]。これらの調査から、中條は以下のように結んでいる。

　　「農産物加工に参加する女性高齢者は家事労働を担い続ける人であるた
　め、時間配分が細切れになったり長時間にわたって世帯を空けたりするこ
　との困難な場合が多い。それゆえ、彼女たちは家族の理解を得たり、自己
　の努力で活動時間を捻出したりして、世帯内における役割の調整を行って
　いる。……また、家族の理解を得るという側面では、女性高齢者が農産物
　加工を『生きがい』に感じていることを家族が察することによって、家事
　の肩代わりや農産物加工への参加に対する黙認が与えられている点も指摘
　しておきたい……〔このように〕同居家族のいる女性は、世帯から付与され
　る制約を克服するため、自己の生活行動における時空間の配分を調整して
　農産物加工に従事していた。……単身高齢者はグループの活動に合わせた
　時空間の配分を可能にしていた。夫や子どもの家族と同居する女性高齢者
　は、家事労働や農作業の担い手として重要な位置にあり、そのことが農産
　物加工への参加を難しくしている場合もあると考えられる」[3]。

---

　2)　中條曉仁［2005］92-93頁。〔　　〕内は引用者。
　3)　中條曉仁［2005］93-94頁。〔　　〕内は引用者。

　要するに、農産物加工（仕事）、世帯内役割（家庭）、婦人会等の集落内交流（そのほかの関心事）を両立させることは、単身の女性高齢者にとっては可能だが、夫や子供の家族と同居する女性高齢者は世帯内役割が重要なため農産物加工への参加すら難しい場合もある。農産物加工に参加している女性高齢者は、家族（夫や息子）の「理解を得たり、自己の努力で」世帯内役割との両立を可能にしているというのである。仕事と家庭の両立における、女性高齢者の主体的な行動を示唆しているものの、しかし、中條の研究にはいくつかの課題が見られる。

　第一に、制度レベルの問題である。「自己の努力で活動時間を捻出したりして、世帯内における役割の調整を行っている」というのが中條の見方である。だが、農作業に加え「ほぼ毎日〔農産物加工に〕参加」し、「作業の合間をみながら自宅と農産物加工の作業場とを往復し」[4]、家事労働をこなせるのは、体力・体調に自信のある女性高齢者に限られる。仕事と家庭の両立を「自己の努力」に負わせることには無理が生じる。第1章で論じたように、個人の体力・体調、世帯内役割等を考慮に入れた、組織としての柔軟な就労体制が必要と思われる。

　第二に、判断レベルの問題である。女性高齢者が「農産物加工を『生きがい』に感じていることを家族が察すること」により、「家事の肩代わりや農産物加工への参加に対する黙認が与えられている」というのが中條の指摘である。「家事の肩代わり」や「参加に対する黙認」は、仕事と家庭の両立に有効である。しかしながら、農産物加工の「生きがい」とは何なのか。おそらく、高齢女性グループでの「働きがい」を指すものと思われるが、それがどのようなものなのか、それを家族に察してもらうため、女性高齢者がどのように行動し、家族の理解と協力を得ているのかの分析には触れていない。

　第三に、仕事と集落内交流との両立である。農産物加工、世帯内役割、婦人会等の集落内交流に対応する女性高齢者の生活を示唆しているが、高齢女性グループと集落活動や交流との関わりについては、「近年は会員数の減少により活動が停滞している」「行事が減少して女性たちの社会的結びつきが少ない」[5]との説明で終わらせている。これは、中條の調査地が過疎山村であり、そこで得られた知見で、仕事と集落内交流との関係を説明することに課題があると思

　4）　中條曉仁［2005］92-93頁。〔　〕内は引用者。
　5）　中條曉仁［2005］88頁。

46

われる[6]。

　第四に、寡少な調査対象サンプル数である。中條が聞き取り等の調査を行った、農産物加工に参加する女性高齢者は、①1人暮らしの65歳女性、②夫と2人暮らしの76歳女性、③息子と2人暮らしの80歳女性の3人である。これだけで、女性高齢者の仕事と家庭、集落内交流の両立方法を言い切ることには、限界があると思われる。

　以上のような見解の違いから、本章では、次のような構成とフレームワークにより分析を進める。第1節では、多種多様な農村集落で活動する高齢女性グループを調査対象とする。グループでの「働きがい」、メンバーが辞めた理由を明確にするとともに、「働きがい」と組織内管理との関連、辞めた理由と「(新)性別役割分業」「家父長制」との関連に触れる。第2節では、およそ10年以上にわたり活動する、3タイプの高齢女性グループ（以降、継続グループ）を取り上げ、経営に携わるリーダー格の女性高齢者15人を対象に聞き取りを行う。「仕事、家庭、そのほかの関心事（集落内交流）」をどのように両立させ、グループ経営を継続してきたのかを浮き彫りにしていく。分析においては、制度レベルによる両立と、判断レベルによる両立の双方を重視する。前述したように、「(新)性別役割分業」「家父長制」に対処しながら、「仕事、家庭、そのほかの関心事（集落内交流）」を両立させるためには、女性高齢者の主体的な行動あるいは主体的な成長が欠かせない。このような主体性の発現には、制度レベルと判断レベルの双方が関わると考えるからである。以上の分析から、小括において、継続グループと家族および集落との関係をまとめる。

1.　多様な農村とグループ

　まず、調査地とした多種多様な農村集落と高齢女性グループとの連関を説明しよう。本書の研究対象は、S県の3点セットを活動拠点とする高齢女性グル

---

6)　日本の女性高齢者は、就労と地域組織の活動参加との交互作用が見られる場合に、きわめて生活満足度が高くなるという研究報告がある（杉澤秀博・秋山弘子[2001]23-24頁）。

表 2-1　高齢女性グループ Type 別の分類

タイプ	活動拠点	活動地域・集落	グループ名
Type Ⅰ	加工場	都市的・水田	J グループ、X グループ
		平地農業・水田	K グループ、A グループ
Type Ⅱ	加工場 レストラン	都市的・田畑	Y グループ
		平地農業・田畑	L グループ、B グループ
Type Ⅲ	加工場・直売所 レストラン	中間農業・田畑	C グループ
		山間農業・畑地	M グループ、Z グループ

出所）　現地調査による。グループが活動する地域・集落の分類については、農
　　　林水産省［2008］を参考にした。

ープである。3 点セットが分離型、半分離型、一体型に分類できることは、す
でに序章で述べた。分離型は、農林公園や道の駅など比較的大規模な施設であ
り、都市的地域や平地農業地域の水田集落に見られる。米を原料とする味噌、
饅頭、餅菓子などを製造する高齢女性グループ：Type Ⅰが加工場で活動して
いる。半分離型は、都市的地域から平地農業地域にかけての田畑集落に設置さ
れている。小麦を原料とするうどんをレストランのメニューとし、加工場では
豆腐や惣菜、菓子類を高齢女性グループ：Type Ⅱが製造している。一体型は、
中山間農業地域によく見られる比較的小規模な施設である。加工場と直売所、
およびレストランや喫茶コーナーのすべてを高齢女性グループ：Type Ⅲが運
営しているケースがある。このように、高齢女性グループの活動は、中山間地
域に限らず、都市的地域、平地農業地域の様々な集落で展開されている。本節
では、多種多様な農村集落で活動する Type Ⅰ、Type Ⅱ、Type Ⅲの高齢女性
グループ、計 10 グループへのインタビューから、女性高齢者のグループでの
「働きがい」、メンバーが辞めた理由を明らかにしていく。高齢女性グループ
Type 別の分類は、Type Ⅰが J グループ、X グループ、K グループ、A グルー
プである。Type Ⅱが Y グループ、L グループ、B グループである。Type Ⅲが
C グループ、M グループ、Z グループとなる。なお、インタビューの回答者は、
会長等リーダー格の女性高齢者であり、自身ないしグループ全体のことを表現
している。

(1)　グループでの「働きがい」

　多種多様な農村集落で活動する高齢女性グループの会長等、60歳代以上の女性たちにグループでの「働きがい」を尋ねた回答を整理すると、「働きがい」は3項目にまとめることができる。第一に、働くことで金銭的な見返りがあり、自由に使える収入を得られること、第二に、休憩時間のお喋り、食事会、慰安旅行等による職場での仲間づくり、第三に、地域の特産品開発、安全・安心な食品製造による地域への貢献である。それぞれの語りを以下に挙げよう。

①　自由に使える収入：金銭的見返り

　　【Type Ⅱ・都市的田畑集落、Yグループ】「働きがい」は、お金をもらって働けることです。グループとして働くようになって、初めて自分の預金口座を開設したというメンバーがほとんどです。全員健康で、「60歳、70歳過ぎて働けて、お金ももらえてありがたい」と話しています。

　　【Type Ⅰ・平地農業水田集落、Aグループ】「働きがい」は、何といっても金銭的な見返りがあることです。かつては〔自家農業の〕労働に対する報酬が得られなかったので、自分の物も、子供の物を買うときにさえも、実家から工面してもらっていたから苦労しました。今はここ（加工場）で働いているので、外食をしたり、旅行に行ったり、孫に何か買ってあげたり、自分の好きなように使えます。年金だけで暮らしている女性に比べて、活動的だし、金遣いだって良いです。そういう意味でも地域経済に貢献していると思いますし、税金だって払っています。

　女性高齢者たちの語りからは、無報酬という自家農業の労働評価により農家女性たちが苦労してきた様子が思い浮かぶ[7]。その苦労とは「自由に使える収入」を得られないことの辛さである。「農産物加工場」ないし「農村レストラ

---

　7)　女性の無償労働は、「農家のみならず自営業や零細企業などの家族経営一般（ごく小規模な雇有り経営も含め）における家族従業者の労働についても広くみられる」と、報告されている（吉田義明［1995］180頁）。

ン」を運営する機会を得られたことで、金銭的見返り、すなわち労働に対する報酬である「自由に使える収入」を得られる喜びに溢れている。ただし、食品加工の仕事は重労働であり、頑張りすぎると健康を害するという声もある。

　　　【Type Ⅰ・都市的水田集落、Xグループ】　直売所の売上明細書を受け取るときに「働きがい」を感じます。普通のパートとは違い、やった分だけ自分に戻ってきます。でも、あまりガツガツしても、足腰を痛めて、かえって体を壊してしまいます。

　　　【Type Ⅰ・平地農業水田集落、Kグループ】　「働きがい」は、年金＋アルファの小遣い稼ぎができるので、孫に何か買ってあげられることです。ローテーションで週に3〜4回という無理のない働き方ができるので、健康でいられるし、呆けることもありません。

　　　【Type Ⅱ・平地農業田畑集落、Bグループ】　主婦業と趣味などをやりながら楽しく仕事をすることです。働いているほうが健康にいいと思います。でも、腰や膝が痛いときは無理をしないで休むようにしています。

② 　職場の仲間づくり：お喋り、食事会、慰安旅行
　労働に対する金銭的な見返りが一番の「働きがい」と答えたグループが多いが、合わせて以下のような語りも聞かれる。

　　　【Type Ⅰ・都市的水田集落、Xグループ】　お茶の時間（休憩時間）にお喋りをしながら、楽しく仕事をすることが健康の秘訣です。農作業もいろいろ考えるから呆け防止になると思うけど、人と会話をすることはもっと良いと思います。高齢者が呆けるのは家にこもってしまうからではないでしょうか。加工場は情報収集の場にもなっていて、先輩方から野菜の生産方法も学べます。

　　　【Type Ⅱ・平地農業田畑集落、Lグループ】　「気取らない、飾らない、

自然体、言いたいことを言う」をモットーとして、メンバーのコミュニケーションを重視していることが「働きがい」につながっていると思います。「働きながら美味しい料理の味を覚えられるのがうれしい」という意見が多く聞かれます。

　労働の楽しさは、金銭的な見返りだけではなく、休憩時間のお喋りにもあり、そのことが呆け防止にもなるという意見である。加工場等の働く場が、情報収集・情報交換の場となっている様子がうかがえる。さらに、食事会や慰安旅行による職場の仲間づくりも、活気あるグループ経営につながっているという声も少なくない。

　　【Type Ⅰ・平地農業水田集落、Aグループ】　給与からの天引き積立によって、1年に2回ほど慰安旅行を行っています。こうした旅行やお茶休みの時間によって職場の仲間づくりがはかられ、商品レシピの話し合いもされるので、〔私たちのグループは〕「活気がある、元気がいい、輝いている」と言われているのだと思います。

　　【Type Ⅰ・都市的水田集落、Jグループ】　お茶の時間に楽しくお喋りをしながら、小遣い稼ぎができることが「働きがい」です。メンバー同士のコミュニケーションとしては、食事会を開いています。楽しく働けるから、病気知らずだし、呆け防止にもなっています。

③　地域への貢献：特産品の開発、安全・安心な食品製造
　女性高齢者たちの「働きがい」は、金銭的な見返り、職場での仲間づくりにとどまらない。活動の醍醐味は、特産品の開発、安全・安心な食品製造にあると語るグループも見られる。

　　【Type Ⅱ・平地農業田畑集落、Lグループ】　地元の農産物を使用して、地産地消にこだわった添加物のない安全・安心な商品を製造することに「働きがい」を感じます。「味がいい」という口コミや新聞などのマスコミ

が取り上げたことで売上が増え、「おいしい」と地域外からもお客さんが
来てくれています。

　【Type Ⅲ・山間農業畑地集落、Mグループ】「働きがい」は、山の幸を
「いかに商品化するか」と考えることです。「ゆずジャム」や「ゆずみそ饅
頭」などいろいろ開発して地域に貢献してきました。やっぱり、働くこと
は健康の源です。パートとは違うし、いろいろ考えるから呆けません。

　【Type Ⅲ・山間農業畑地集落、Zグループ】　主婦業で培った料理をビ
ジネスにすることで、あるいは新たな料理を覚えながらお金を稼げること
が楽しみだし、仕事の励みになっています。地域の農産物を使った商品開
発で、安全・安心な食べ物をつくり出すという喜びもあります。加工場が
コミュニケーション（お喋り）の場で、楽しく働くことが健康の源です。

　【Type Ⅲ・中間農業田畑集落、Cグループ】　自由に使えるお金を得ら
れるのが「働きがい」です。それから、商品開発をするのも楽しいですし、
お客さんに「おいしかった」と言われるのが嬉しいです。地域の専門業者
とも組んで様々な特産品を生み出してきたので、地域産業にも貢献してい
ると思います。メンバーは70歳代でも元気で働いていて、ほとんど病院
通いもないし、もちろん呆けることとも無縁です。しかも税金まで納めて
います。

　以上、女性高齢者たちのグループでの「働きがい」を見てきた。語りでは、
①自由に使える収入：金銭的な見返り、②職場の仲間づくり：お喋り、食事会、
慰安旅行、③地域への貢献：特産品の開発、安全・安心な食品製造が挙げられ、
それらがいずれも健康に関与していることがわかる。健康であることは、活動
継続には有意な要素である。しかしながら、金銭報酬、仲間づくり、商品開発
は相互に矛盾するところも内包している。それゆえ、組織内管理のあり方が重
要であることは、すでに第1章で指摘した。すなわち、女性高齢者の「働きが
い」をベースに、労働者協同組合的管理と企業組織的管理とをバランスよく結

合したシステムが、高齢女性グループの経営には必要なのである。

(2)　メンバーが辞めた理由

　ところが、高齢女性グループの多くは、起業開始時に比べメンバーの人数が減少している。女性高齢者たちは、なぜ「働きがい」を手放すのか。次に、メンバーが辞めた理由を探っていく。

①　家庭の事情：老親・配偶者の介護、孫の育児

　高齢女性グループに、メンバーが辞めた理由を尋ねると、家庭の事情、なかんずく「家族の介護」という回答がきわめて多い。回答のいくつかを以下に挙げよう。

　　【Type Ⅰ・都市的水田集落、Ｊグループ】　辞めたメンバーは２人で、１人は家族の介護が理由で、もう１人は高齢による身体的な理由です。今までは介護が必要になると施設に入れていましたが、だんだん〔施設に〕入りづらくなっているようです。家事・育児・介護については、男性はやりません。夫が手伝ってくれるという話も聞きません。

　　【Type Ⅰ・都市的水田集落、Ｘグループ】　１人は家庭の事情で辞め、もう１人は他界しましたが、嫁が姑から引き継ぐかたちでメンバーに加わりました。全員農家女性で米や野菜をつくりながら加工場で働き、さらに家事労働も担っています。男性たちは勤めに出ているので、土曜・日曜や定年退職後に農作業は手伝ってくれますが、家事はやりません。

　　【Type Ⅱ・平地農業田畑集落、Ｌグループ】　地域は、「男が家事・育児・介護をやるなら、女はいらない」という土地柄のため、老親や配偶者の介護、孫の育児、自身の健康問題などで働けなくなる人が多いです。農家女性は、農作業と家事を両立させながらここ（加工場とレストラン）でも働いています。

【Type Ⅱ・都市的田畑集落、Y グループ】　ここ（加工場とレストラン）での勤務に加え、農作業と主婦業があります。男性がワンマンな地域だから、帰宅が少しでも遅れると「早く食事の支度をしろー」と怒鳴られたりします。男性たちは家事・育児・介護を一切やりません。当初 17 人だったメンバーは、5 年経って 15 人となっていますが、2 人はいずれも家族の介護のために辞めています。

【Type Ⅲ・山間農業畑地集落、M グループ】　自分は舅が亡くなっていたし、夫も都会に働きに出ていたので比較的自由に活動できたけど、ほかの人たちは家事と仕事の板ばさみになって大変でした。就労時間は朝 8 時からで、忙しい夏場は夜の 9 時ごろまで働いていましたから。もちろん、男性は家事・育児・介護を一切やりません。自分も「食事の支度もしないで何やってんだー」なんて〔生前の〕舅から怒鳴られたことがよくありました。男が威張っていて「職業婦人なんて生意気だ」という土地柄ですからね。威張って酒ばかり飲んできたせいか脳梗塞になる男たちが多いんです。それを〔高齢の〕女性たちが介護している状態です。〔グループにも〕学校給食の仕事を定年退職して入ってきた人（60 歳代女性）がいますけど、家族の介護で来れなくなっています。

　これらの発言からは、グループのタイプ、地域・集落の区別なく、女性高齢者たちが家事労働を担いながら、農家女性の場合には農作業にも従事しながら、グループ経営に参加していることがわかる。しかし、家族に介護や育児の必要性が生じると仕事を辞め、老親や配偶者の介護、あるいは孫の育児に専念する。その背景には、「男性は家事・育児・介護をやらない」「家事・育児・介護は女性の仕事」という伝統的な「（新）性別役割分業」が横たわっていることがわかる。詳しい事情として、Type Ⅱ・都市的田畑集落の Y グループは、帰宅が遅れると「早く食事の支度をしろ」と舅から怒鳴られたというエピソードを語ってくれたが、全く同じ内容が Type Ⅲ・山間農業畑地集落の M グループでも聞かれた。「男が威張っている」「舅から怒鳴られた」「職業婦人なんて生意気だ」という発言は、「男が上／女が下」という家父長制の価値観、ならびに「男がペ

イド・ワーク／女がアンペイド・ワーク（＋ペイド・ワーク）」との慣習が根深いことを表している。

②　身体的な問題：過重労働との関連

　前述の回答からもわかるように、介護等の家庭の事情の次に、辞めた理由で多いのが身体的な問題である。もちろん、加齢による体の衰えもあるだろうが、要因はそれだけではない。以下の語りを見よう。

　　【TypeⅠ・平地農業水田集落、Aグループ】　男性が威張っている封建的な地域だから、家事・育児・介護は女性の仕事です。メンバーも、農作業と家事をこなしながら、加工の仕事をしています。食品加工の仕事は、立ち仕事で重労働だから腰や膝を痛めやすいんです。ただし、加工場で仕事をするようになってから、布団干しや洗濯物の取り込みぐらいは夫がやってくれるようになりました。ですから、家族の理解と協力が得られる女性だけがメンバーとして残っているわけです。でも、男性は自分で料理はしないし、自分の親であっても介護をやりません。発足当時は30人以上いましたが、介護などによる家庭の事情や体調不良などで辞めていき、〔10年経った〕現在は16人で運営しています。

　　【TypeⅢ・山間農業畑地集落、Zグループ】　食品加工の仕事は重労働なので、70歳代後半になると辞めてしまいます。土曜、日曜、祝日が仕事なので、家族の理解や協力がないと続けられません。定年退職した夫は、洗濯ぐらいはしてくれるようになりました。でも、食事はつくりません。ここで働いているメンバーはみんな、朝は家族の朝食と昼食の分まで用意してから出てきます。夕方5時に仕事が終わると急いで帰って、家族の夕飯をつくります。

　　【TypeⅡ・平地農業田畑集落、Bグループ】　辞めた理由でいうと、介護などの家庭の事情と本人の健康問題がちょうど半々ぐらいです。仕事と主婦業の両立が当然の地域で、専業主婦だった人は会員にはいません。育

児や介護もヘルパーや施設、家族の協力を得て乗り切ってきました。もうすでに舅姑が他界しているメンバーばかりですが、高齢になっても主婦業はあります。

　女性高齢者たちは家事労働を担いながら、３点セットの施設での仕事に従事している。農家女性の場合はこれに農作業が加わる。食品加工の仕事は、立ち仕事で重労働である。その重労働を理解し、家事を多少なりとも協力してくれる家族をもった女性だけが仕事を続けられてきた。ところが、男性の多くは家事・育児・介護を一切やらないため、女性高齢者たちは過重労働により体調不良に陥るか、あるいは介護のために辞めていったという内容である。

③　グループ内の人間関係：家族形態との関連

　メンバーが辞めた理由として、人間関係を挙げたグループもいくつかある。以下がその語りである。３世代同居を経験した農家女性より、核家族の女性高齢者のほうが、グループ内の人間関係で辞めることがうかがえる。

　　【Type Ⅰ・平地農業水田集落、Ｋグループ】　メンバーは核家族の主婦たちだから、辞める原因は人間関係によるものが一番多いです。次いで、年齢的なものや家庭の事情などで辞めていきました。

　　【Type Ⅲ・中間農業田畑集落、Ｃグループ】　起業当初、ニュータウンに住む核家族の主婦たちがグループの半数を占めていたのですが、農家の主婦たちとは意見の食い違いが多かったと思います。自分の意見が通らないという不満や、朝が早いこと、親の介護などが理由で辞めていきました。農家女性は、農作業と家事もやりながら働いていますが、舅姑に仕えてきたせいか我慢強いと思います。

　以上、高齢女性グループのメンバーが辞める理由は、第一に、老親・配偶者の介護や孫の育児などの家庭の事情、第二に、過重労働による体調不良などの身体的な問題、第三に、グループ内の人間関係であるといえる。これらの理由

には、「（新）性別役割分業」ならびに「家父長制」が深く関わっていることがわかる。

2. 活動継続の阻害および促進

　女性高齢者のグループでの「働きがい」、およびグループを辞める理由をふまえ、本節では、継続グループのケース・スタディを通し、女性高齢者たちが、どのように「仕事、家庭、そのほかの関心事（集落内交流）」を両立し、グループ経営を継続しているのかを考察していく。継続グループは、第1章と同様、3タイプの高齢女性グループを取り上げる。Type ⅠがAグループ、Type ⅡがBグループ、Type ⅢがCグループである。

　それぞれのグループで活動する60歳代・70歳代・80歳代の女性のうち、管理職経験のある15人のリーダーに聞き取りを行った。表2-2がAグループのリーダー5人（A-o氏、A-k氏、A-r氏、A-h氏、A-s氏）、表2-3がBグループのリーダー5人（B-u氏、B-m氏、B-t氏、B-z氏、B-v氏）、表2-4がCグループのリーダー5人（C-y氏、C-e氏、C-n氏、C-i氏、C-d氏）である。15人のリーダーたちには、①生年と嫁家、②育児期間の家族構成、③育児以降グループ入会前の就労形態、④グループ入会時の年齢と家族状況、⑤グループでの就労年数と経験した役職、⑥現在の家族構成、⑦世帯内役割と集落内での活動や交流を聞き取ったのち、「入会してから今までで働き続けることが最も困難だったことは何ですか」、「働き続けるために家族や集落とどのような関係を築いてきましたか」といった質問を行った。

　各グループの活動舞台となる集落は、Aグループが平地農業水田集落、Bグループが平地農業田畑集落、Cグループが中間農業田畑集落である。各集落の高齢化率（2005年、2010年）、就労率（2005年、2010年）、農家割合（2005年）、平均農業所得（2005年）のデータを表2-5に表した。なお、Bグループの平地農業田畑集落（B町）が2007年にB市と合併した事情等により、農家割合と平均農業所得については、2005年における各集落のデータを基準とした。

表 2-2　A グループ・リーダー（管理職）

	A-o 氏	A-k 氏	A-r 氏	A-h 氏	A-s 氏
入会年齢　注①	60 歳代後半	60 歳代前半	50 歳代後半	50 歳代後半	60 歳代後半
活動年数　注②	13 年	13 年	13 年	8 年	12 年（休職 1 年）
経験役職　注③	会長（初代） 相談役 班長	会長（3 代） 副会長 班長	副会長 会計 班長	会計 監事 班長	班長
現在年齢　注④	80 歳代前半	70 歳代後半	70 歳代前半	60 歳代後半	80 歳代前半

出所）　A グループへの聞き取り調査による。
注）　①　A グループで実際に働き始めた年齢である（開業前の準備期間を除く）。
　　　②　2015 年 1 月時点での就労年数である。
　　　③　A グループの役員は、相談役 1 人・会長 1 人・副会長 1 人・会計 2 人・監事 2 人を置く。また、各
　　　　　曜日の職務に班長がある。A グループのリーダーとして、会長・副会長・会計・班長職に就いた 5 人
　　　　　を表記した。
　　　④　2015 年 1 月時点での年齢である。

表 2-3　B グループ・リーダー（管理職）

	B-u 氏	B-m 氏	B-t 氏	B-z 氏	B-v 氏
入会年齢　注①	50 歳代後半	60 歳代後半	70 歳代後半	50 歳代後半	60 歳代前半
活動年数　注②	9 年	9 年	9 年	9 年	9 年
経験役職　注③	会長（2 代）	副会長	副会長（兼任） 菓子部長	豆腐部長	レストラン部長
現在年齢　注④	60 歳代後半	70 歳代後半	80 歳代後半	60 歳代後半	70 歳代前半

出所）　B グループへの聞き取り調査による。
注）　①　B グループで実際に働き始めた年齢である（開業前の準備期間を除く）。
　　　②　2015 年 1 月時点での就労年数である。
　　　③　B グループの役員は、会長 1 人・副会長 2 人・会計 2 人・監事 2 人・書記 2 人を置く。各部の職務は、
　　　　　部長 1 人・副部長 1 人がある。B グループのリーダーとして、会長・副会長・部長職に就いた 5 人を
　　　　　表記した。
　　　④　2015 年 1 月時点での年齢である。

表 2-4　C グループ・リーダー（管理職）

	C-y 氏	C-e 氏	C-n 氏	C-i 氏	C-d 氏
入会年齢　注①	50 歳代後半	60 歳代前半	60 歳代前半	50 歳代後半	50 歳代前半
活動年数　注②	10 年	10 年	10 年	10 年	7 年
経験役職　注③	会長（初代） 副会長 会計、監事	会長（3 代） 副会長 会計、監事	会長（4 代） 副会長 会計、監事	会長（6 代） 副会長 会計、監事	副会長 監事
現在年齢　注④	60 歳代後半	70 歳代前半	70 歳代前半	60 歳代後半	60 歳代前半

出所）　C グループへの聞き取り調査による。
注）　①　C グループで実際に働き始めた年齢である（開業前の準備期間を除く）。
　　　②　2015 年 1 月時点での就労年数である。
　　　③　C グループの役員は、会長 1 人・副会長 2 人・会計 2 人・監事 2 人を置く。C グループのリーダー
　　　　　として、会長・副会長・会計・監事職を経験した 5 人を表記した。
　　　④　2015 年 1 月時点での年齢である。

表 2-5　各集落の基礎データ

		平地農業水田集落 A市　注①	平地農業田畑集落 B町（2007年〜B市）注②	中間農業田畑集落 C町　注③
高齢化率 （65歳以上） 注④	2005年	20%	17%	21%
	2010年	23%　男性20% 　　　女性25%	22%　男性19% 　　　女性24%	28%　男性27% 　　　女性29%
就労率 （15歳以上） 注⑤	2005年	59%	57%	54%
	2010年	56%　1次産業　2% 　　　2次産業18% 　　　3次産業33%	55%　1次産業　2% 　　　2次産業15% 　　　3次産業36%	51%　1次産業　2% 　　　2次産業13% 　　　3次産業35%
農家割合 注⑥	2005年	専業16% 兼業84%　1種　9% 　　　　　2種75%	専業14% 兼業86%　1種　7% 　　　　　2種79%	専業21% 兼業79%　1種　8% 　　　　　2種71%
平均農業所得 注⑦	2005年	96万円／戸	80万円／戸	65万円／戸

出所）　総務省統計局［2005］；総務省統計局［2010］；農林水産省［2005］；農林水産省関東農政局［2005］。
注）　①　Aグループが活動する平地農業水田集落の総括としてA市のデータを記載する。
　　②　Bグループが活動する平地農業田畑集落の総括としてB町（2007年〜B市）のデータを記載する。
　　③　Cグループが活動する中間農業田畑集落の総括としてC町のデータを記載する。
　　④　65歳以上人口の割合である（小数以下四捨五入）。男性は男性人口の65歳以上割合、女性は女性人口の65歳以上割合となる。
　　⑤　15歳以上人口の就労者割合である（小数以下四捨五入）。
　　　　1次産業は、農業、林業、漁業である。
　　　　2次産業は、鉱業、採石業、砂利採取業、建設業、製造業である。
　　　　3次産業は、電気・ガス・熱供給・水道業、情報通信業、運輸業、郵便業、卸売業、小売業、金融業、保険業、不動産業、物品賃貸業、学術研究、専門・技術サービス業、宿泊業、飲食サービス業、生活関連サービス業、娯楽業、教育、学習支援業、医療、福祉、複合サービス事業、その他サービス業、公務である。
　　　　　以上の定義は、総務省統計局『平成22年　国勢調査』のうちの「調査結果で用いる用語の解説」（http://www.stat.go.jp/data/kokusei/2010/users-g/word.html）による。
　　⑥　販売農家数に対する専業農家、兼業農家の割合である（小数以下四捨五入）。
　　　　販売農家とは、経営耕地面積30アール以上または農産物販売金額が年間50万円以上の農家をいう。
　　　　専業農家とは、世帯員のなかに兼業従事者が1人もいない農家をいう。
　　　　兼業農家とは、世帯員のなかに兼業従事者が1人以上いる農家をいう。
　　　　1種とは、農業所得のほうが兼業所得よりも多い兼業農家をいう。
　　　　2種とは、兼業所得のほうが農業所得よりも多い兼業農家をいう。
　　　　　以上の定義は、農林水産省『平成20年度　食料・農業・農村の動向』のうちの「用語の解説」（http://www.maff.go.jp/j/wpaper/w_maff/h20_h/trend/part1/terminology.html）による。
　　⑦　総生産農業所得を販売農家数で割った数値である（千円の位で四捨五入）。
　　　　販売農家とは、経営耕地面積30アール以上または農産物販売金額が年間50万円以上の農家をいう。
　　　　　以上の定義は、農林水産省『平成20年度　食料・農業・農村の動向』のうちの「用語の解説」（http://www.maff.go.jp/j/wpaper/w_maff/h20_h/trend/part1/terminology.html）による。

表2-6　継続グループ・リーダー：結婚から入会まで

（単位：人）

		Aグループ (5)	Bグループ (5)	Cグループ (5)	計 (15)
婚家 (婿取り含)	①専業農家	1			1
	②兼業農家	2	3	4	9
	③工場等経営	2			2
	④公務員・会社員		2	1	3
育児期間 家族構成	①3世代同居	4	3	5	12
	②2世代（核家族）	1	2		3
育児以降 入会前 就労形態 注①	①自家経営	4	1	2	7
	②農外就労フルタイム		4		4
	③農外就労パートタイム			2	2
	④手伝い・就労なし	1		1	2
入会時 家族状況 (重複回答) 注②	①子供独立	5	5	5	15
	②舅姑他界	4	2	4	10
	③夫退職	1	2		3
	④夫他界		2		2

出所）　聞き取り調査による。
注）　①　育児以降入会前に、主として携わったペイド・ワークである。
　　　②　子供独立とは、学校を卒業し社会人になっていることをいう。

(1)　家庭との両立

結婚から入会まで

　まず、グループに入会するまでの家族との関係を見よう。表2-6は、継続グループ・リーダーたちの結婚から入会までの状況をまとめたものである。兼業農家に嫁ぎ、3世代同居で育児を経験した女性たちが多数であることがわかる。育児以降入会前の就労形態を見ると、Aグループは自家経営が多く、Bグループはフルタイムの農外就労が多い。Cグループはパートタイムの農外就労と自家経営が半々である。これを、表2-5：各集落の基礎データと照らし合わせると、次のような地域性の傾向がうかがえる。平均農業所得と2次産業就労率が比較的高いAグループの平地農業水田集落では、夫が農外就労、妻が自家経営を行う。専業農家率が低く3次産業就労率が高いBグループの平地農業田畑集落では、夫婦ともにフルタイムの農外就労を行う。平均農業所得と全産業就労率がともに低いCグループの中間農業田畑集落では、妻は自家経営もしくはパートタイムの農外就労に就く。いずれの集落も兼業農家率は約8割以上を占めるが、地域性は女性の働き方に影響を与えるようである。しかしながら、グル

ープ入会時の家族状況は、①子供の独立後、②舅姑の他界後で共通している。この理由について、継続グループのリーダーたちは以下のように話す。

① 子供独立後の入会

　【A-k 氏　育児期間：3 世代同居、入会前：自家経営】　実家の父に、「子供が学校を卒業するまでは外で働いてはダメだ」と言われていた。Aグループの活動は早朝で土日が多いけど、もう子供が大学を卒業して社会人になっているから自由に働ける。

　【A-h 氏　育児期間：2 世代、入会前：親戚手伝い】　子供が社会人となり、週に 1 日、義兄が経営している会社を手伝っていた時に、「よかったらAグループに入りませんか」と、初代会長に声をかけられた。Aグループの仕事は週に 2〜3 日と聞いて、それならできると思い夫に相談すると、「家事もやって、ちゃんとできるなら自由にやっていいよ」と言われた。

　【B-z 氏　育児期間：3 世代同居、入会前：自家経営】　養鶏農家に嫁ぎ、子育てを姑と協力しながら農作業をやってきた。Bグループの話があった時は、息子が成人して独立（別居）していたので入会した。もし、まだ学生だったら、朝食準備と弁当づくりがあったので、入会は厳しかったと思う。

　【B-t 氏　育児期間：2 世代、入会前：農外就労フルタイム】　学校の給食センターを早期退職して家で孫の面倒を見ていた時に、「人がいないから〔入りませんか〕」と、Bグループに誘われた。入会してから、家事は同居している実の娘がほとんどやってくれている。

　【B-v 氏　育児期間：2 世代、入会前：農外就労フルタイム】　定年退職後の職探しでハローワークに通っていた時、初代会長からBグループの入会を誘われた。レストラン部の仕事は土日が忙しいけど、もう娘が社会人になっているので土日の炊事洗濯は娘にまかせられる。

【C-y 氏　育児期間：3世代同居、入会前：自家経営】　Cグループを設立した時、子供は娘・息子ともに社会人になっていた。息子は手伝わないけど、娘は土日の休日に家事をやってくれた。とくに、イベント出店のときは、早朝から仕込みなので助かった。

【C-d 氏　育児期間：3世代同居、入会前：就労なし】　初代会長と集落のスポーツクラブで一緒だったことからCグループへの入会を誘われた。その頃、もうすでに2人の娘たちは社会人になっていたので、土日の仕事だったけど「やってみよう」と思った。でも、夫がまだ勤めていたので「朝食のしたくもしないで何やっているんだ」と言われないよう、早朝からではなく朝8時以降の仕事にしてもらっていた。

②　舅姑他界後の入会

【A-s 氏　育児期間：3世代同居、入会前：自家経営】　40歳から60歳までの20年間、姑の介護があったから外で働くことはできなかった。女性が本当に自由に働けるようになるのは姑を見送ってからだと思う。

【B-u 氏　育児期間：3世代同居、入会前：農外就労フルタイム】　嫁ぎ先は、3世代同居の兼業農家で、舅も姑も教員経験者だったから育児をまかせて、私は夜7時頃までフルタイムで働いていた。もちろん、子守代を姑に渡していたけど、嫌みもよく言われた。Bグループでは土日に働くことになるけど、舅姑はすでに他界して〔介護とも無縁となり〕、子供も独立していたから入会できた。

【B-m 氏　育児期間：3世代同居、入会前：農外就労フルタイム】　姑に子守代を払い、30年間、朝9時から夕方5時までの事務職をしながら、農作業もこなしてきた。昔は蚕も飼育していたから大変だった。子供が独立し、夫が他界した後、姑との2人暮らしが長かったけど、その姑も亡くなった。今は、1人暮らしで自由に働ける。

【C-n氏　育児期間：3世代同居、入会前：自家経営】「嫁が家を留守にして外に働きに出ちゃしょうがない」と、文句を言う舅がいなくなったから自由に働ける。

【C-i氏　育児期間：3世代同居、入会前：農外就労パートタイム】　嫁として姑と蚕を育て、米や野菜をつくってきた。姑が厳しかったので、下の子が小学校の高学年になるまで外には働きに出られなかった。Cグループには、姑が他界していたので入会できた。

　地域性や個人差は多少あるものの、「家事・育児・介護は女性の仕事」「女性は父・舅、姑、夫に従う」といった規範であることがわかる。加えて、食品加工の仕事は早朝からであり、レストランや直売所は土曜・日曜が繁盛日となる。子供がまだ学生の場合、あるいは夫が定年退職前の場合、朝食準備や弁当づくりとの両立は難しく、家族とともに過ごす時間も少なくなる。子供が社会人になれば、とくに娘には、家事をまかせられるというのである。「農産物加工場」「農産物直売所」「農村レストラン」で自由に働けるのは、子供が学校を卒業して社会人となり、老親介護からも解放されてからということになる。つまり、グループ経営と家庭との両立には、「(新)性別役割分業」「家父長制」と妥協することが必要であり、①子供独立後の入会、②舅姑他界後の入会が、客体的な要因といえる。

入会から現在まで

　次に、入会から現在に至るまでの家族との関係を見よう。表2-7は、継続グループ・リーダーの現在における世帯内状況をまとめたものである。リーダーたちの世帯内役割を見ると、やはり地域性がうかがえる。平地農業水田集落のAグループでは、家事労働に加え日常的農作業に従事するリーダーが多い。平地農業田畑集落のBグループでは、家事労働に加えて自家菜園で野菜を栽培するリーダーが多い。中間農業田畑集落のCグループでは、家事労働と日常的農作業のリーダー、家事労働と農繁期農作業のリーダーとが半々である。グループ組織を運営しながら、これらの世帯内役割をも担うことは女性高齢者たちに

表 2-7　継続グループ・リーダー：入会から現在まで

（単位：人）

		Aグループ （5）	Bグループ （5）	Cグループ （5）	計 （15）
世帯内 役割	①家事労働＋日常的農作業	3	1	2	6
	②家事労働＋農繁期農作業			2	2
	③家事労働＋自家菜園管理	1	3		4
	④家事労働	1	1	1	3
現在 同居家族	①夫、息子世帯（別棟居住含む）	2		2	4
	②夫、娘（娘夫婦含む）		2	1	3
	③夫、母			1	1
	④夫、舅		1		1
	⑤夫、息子			1	1
	⑥夫	3			3
	⑦息子		1		1
	⑧なし（1人暮らし）		1		1
農作業 分担者 （重複回答）	①夫	3	1	4	8
	②息子（農繁期含む）	1	1	2	4
	③嫁（農繁期含む）	1	1	1	3
家事労働 分担者	①娘（土日の家事を含む）		2	1	3
	②母（日常の家事）			1	1
	③夫（布団干し、風呂掃除、ほか）	2	1	1	4
	④なし	3	2	2	7

出所）　聞き取り調査による。

とっては過重負担となりうる。しかしながら、いずれのリーダーたちも世帯内役割の分担者が家族に存在することがわかる。農作業は夫や息子・嫁、日常的ないし土曜・日曜の家事労働は、娘あるいは実母にまかせるリーダーが多いが、夫が布団干しや風呂掃除、炊事の一部を手伝うケースも見られる[8]。家族の理解と協力が、グループ経営と家庭との両立に欠かせないことを示唆しているといえる。継続グループのリーダーたちは、家族の理解と協力をどのようにして得てきたのかを、コメントから探ろう。

8）　中高齢女性の家事労働負担についてアンケート調査を実施した熊谷圭子は、身体的に辛いと感じる家事として「布団干し」「風呂掃除」「布団敷き」「居室の掃除」「食後の食器洗い」を挙げている（熊谷圭子［2001］539 頁）。

---

① 夫の理解と協力

　現在の同居家族を表2-7で見ると、15人のリーダーの約9割が夫と暮らしていることがわかる。「働き続けるために家族とどのような関係を築いてきましたか」の質問には、夫の理解と協力を得てきた回答が、まずは多く聞かれた。

　【A-r氏　現在同居家族：夫】　子供が独立して、今は夫婦2人だけの生活。定年退職した夫が主に農作業をやっている。夫とは長年連れ添ってきたから、どうしたら文句を言われないかがわかっている。家事と仕事の両立をきちんとやって、田植の忙しいときには夫の農作業を手伝う。夫婦であっても助け合うことが大事。〔Aグループは農家女性が多いので〕農繁期の忙しいときは、メンバー同士でシフトを融通し合って〔Aグループの運営を〕今までやってきた。相手の身になって思いやること、助け合うことの大切さをAグループで学んだ。

　【A-k氏　現在同居家族：夫】　夫には毎月小遣いをあげ、Aグループで視察旅行に行ったときには酒など好みの土産を買ってくる。また、法事など、家のためにも〔Aグループでの経営収入を〕かなり使っている。70歳を過ぎて、加工場と農作業と家事の両立は大変だけど、定年退職した夫が布団や洗濯物を干しといてくれるので体力的に助かっている。〔私が〕会長職に就いてからは、米をといで炊飯器のスイッチまで入れてくれるようになった。男はおだてるのが一番。「ありがとね〜、感謝しています〜」と言っている。

　【A-s氏　現在同居家族：夫】　病気になって手術をしたけど、1年間休職してAグループに復帰した。後押しとなったのは、週に2〜3日で午前中という無理のない働き方ができること。そして、すでに退職している夫との関係。Aグループで働いて得る収入は、国民年金の額ぐらいはある。だから、夫婦で旅行に出かけたりできる。また、班長職に就いて人を育てたことが夫との関係にも活かされていると思う。夫は退職して家にいるので、洗濯干しや布団干しをやっといてくれる。変な干し方をしても、「助

かるわ～。でも、こういう風に干すのよ～」と、やり方を教えている。

　【B-z 氏　現在同居家族：夫、舅】　夫は、食いしん坊で料理好きだから、
〔Bグループで製造した〕豆腐を夕食に出すと、「こんな美味しいものを造っ
ているのか」と言って、仕事への理解を示してくれた。定年退職してから
は、ご飯、味噌汁、漬物だけ用意しておけば、食事は自分でつくってくれ
るようになった。夫とは、年に10回ぐらい温泉旅行に一緒に出かけている。
ただし、姑が認知症になった時は大変だった。舅が姑の面倒を見て、介護
のデイサービスをたのみ、〔豆腐部の活動は週3日ほどで午前中なので〕私もで
きる限りの協力をした。家庭も仕事も助け合うことが大事。時間の使い方
も〔Bグループで働くようになって〕効率的に考えて動けるようになった。役
所に相談して、今は、姑は施設に入院している。私が役職に就いているこ
ともあって、夫は「家のこと（舅姑のこと）は俺にまかせろ」と言ってくれ
ている。

　【B-v 氏　現在同居家族：夫、娘】　夫が定年退職して家にいるので、雨
の日は車で仕事場まで送ってくれる。〔Bグループの〕レストランの食材が
足りなくなったときは、買い出しに行ってくれるし、調理器具の簡単な修
繕や包丁研ぎもお願いする。そもそも人の役に立ちたいという気持ちが夫
は強いけど、私がレストラン部長になってからは、とくに協力的になった。
〔グループ経営で〕メンバーと力を合わせてやっていくことの大切さを学ん
だけど、家族愛（夫と力を合わせてやっていくこと）の大切さも同時に学んだ。
そんな夫には小遣いをあげ、2人で外食に出かける。家の財布は私が握っ
ているからね。「いつもありがとね～」「また、よろしくね～」という感謝
の言葉は忘れない。

　【C-y 氏　現在同居家族：夫、実母】　夫は教員をやっていたので、〔学校
の〕終業式の食事会には〔Cグループの〕レストランを利用してくれた。「い
つもありがとう。グループのみんなも喜んでいたわ～」と言うと、「また、
連れてくるよ～」と、友達や教え子と食べに来る。私がCグループの設立

者で初代会長ということもあってか、夫は「自分も一緒になって経営している んだ。地域のために貢献しているんだ」という気持ちでいるみたい。 定年退職してからは農作業もやるようになった。

【C-i 氏　現在同居家族：夫、息子世帯】　今は、定年退職した夫に農作 業をお願いしている。Cグループの仕事は朝が早いので、洗濯物を干す時 間がないときは「残り干しといてね～」と夫にたのみ、風呂掃除もお願い する。必ず、「ありがとね～」「助かったわ～」と感謝の言葉をかける。そ うすると、夫は気分が良くなって、一切文句を言わない。グループ内でも、 物腰の柔らかさやおだて上手が〔会長職としての〕私のやり方なんだけど、 夫に対してもそれは発揮できていると思う。Cグループで働いて得た自分 のお金は、家族での外食など、食べることに使うことが多い。

【C-e 氏　現在同居家族：夫、息子】　イベント出店の日は早朝４時から、 通常の日でも朝５時に起きて、食事の準備をし、家を出てくる。朝食と昼 食の分をつくっておけば、夫に文句は言われない。夫は自営業で年下とい うこともあって、私たちは割り勘主義。一緒に旅行に出かけたときも、 「土産は私が買うから、食事代はそっちね」なんて言う。でも、もう70歳 代に入ったので、少し具合が悪いときには、夫に「無理して行かなくても いいんじゃないか？　何かあってからじゃ遅いよ」と心配されることもあ る。Cグループはシフトの融通がきくし「大丈夫よ」と言っている。農作 業は夫と息子が手伝ってくれる。

【C-d 氏　現在同居家族：夫、娘】　５年前に夫は退職し、自家菜園で畑 仕事をやりながら、友人とアウトドアを楽しんでいる。お互い束縛し合わ ない、干渉し合わないことが、〔Cグループで〕自由に働けるポイント。朝 食・昼食は食卓に並べておけば、とくに文句は言われない。土日は居候の 娘に家事をまかせている。たまに、３人で「外食に行きましょう」と言っ てご馳走したり、晩酌で「一杯よぶんにつぐわ～」と言って夫婦仲良くや っている。

夫の理解と協力を得る場合、2つの要素が読み取れる。1つは、融通性のある組織内管理が役立っていることである。メンバー同士で融通し合うシフトの存在や労働時間の短縮化によって、夫や舅の作業を手伝うことができ、あるいは無理のない働き方ができる。そうすることで、グループ経営に参加することの理解を、夫から得ていることがわかる。もう1つは、グループ経営で得た収入を活用していることである。小遣いや土産等のプレゼントをあげたり、一緒に旅行や外食に出かけたりするという回答が多く見られる。加えて、「ありがとね～」「助かるわ～」などの感謝やおだてる言葉で、夫の機嫌をとっていることがわかる。とりわけ、洗濯物や布団干し、風呂掃除などのアンペイド・ワークを夫に代行してもらうときに、おだてる様子が見て取れる。

②　嫁・娘、母の理解と協力

表2-7で、農作業や家事労働の分担者を見ると、夫以外に嫁や娘、母が挙げられている。リーダーたちにとっては同性の家族といえる。同性の家族である嫁・娘、あるいは母の理解と協力を得る場合には、次のような回答である。

【A-o氏　現在同居家族：夫、別棟に息子世帯】　家（専業農家）の仕事、たとえば田植と、イベント出店などが重なったときは、加工場の仕事を優先する。嫁や孫が私の代わり（農作業の手伝い）をしてくれる。孫には小遣いをあげ、入学祝金もプレゼントした。孫の存在は、嫁との間の緩衝材のような役目をする。女同士は世代が違うとなかなか難しい。Aグループでも70歳代以上と60歳代との間で摩擦が生じることがある。しかも、メンバーはみんな姑世代で、家では自分の天下。会長・相談役としてグループを束ねていくなかで、相手に言葉をかけるときには自分を相手に置き換えて話すようになった。これが、嫁との関係にも役立っていると思う。何も言わなくても姑（自分）の背を見て嫁がやってくれる。最近では、嫁からプレゼントや〔Aグループへの〕差し入れがある。

【A-h氏　現在同居家族：夫、別棟に息子世帯】　Aグループに入った時は朝8時からだったけど、販路が増えるにつれて、朝6時からとなり、イ

ベント出店のときは深夜２時からと聞いて「え〜」と思った。でも、週に
２〜３日だし、都合が悪いときはシフトの入れ替えができる。融通がきく
ところだから、ずっとやってこれた。私は〔舅姑に仕えたことがないので〕わ
がままだったけど、我慢することと融通し合う精神を〔Ａグループで〕学ん
だ。時間の使い方も上手になった。息子夫婦と２世帯住居で暮らしていて、
フルタイムで働いている嫁から孫の育児をたのまれたときも、嫁と２人で
協力し合って子育てができた。

　【B-m 氏　現在同居家族：なし】　週に３日ほどＢグループで豆腐をつ
くりながら、米や大豆、野菜を育てている。田植や稲刈の農繁期には息子
家族が来て手伝ってくれる。「お義母さんのつくるお米は美味しいですね
〜」なんて嫁に言われると、嬉しくなって食事をご馳走し、孫にも小遣い
をあげる。私たち70歳代以上は舅姑に仕えてきた世代だけど、60歳代以
下の人たちは考え方が違うなと思うことがある。副会長と部長を兼任して
いる部署もあるけど、豆腐部では役職を若い60歳代に譲り、育成するよ
う努めている。そんな経験が、嫁との関係にも活きていると思う。

　【B-t 氏　現在同居家族：夫、娘夫婦、別棟に孫世帯】　Ｂグループでは
初代の会長が「協力してほしい」と〔80歳代の私を〕頼りにしてくれたので、
誰よりも早く出勤し、副会長兼菓子部長としてがんばってきた。家事は一
緒に暮らしている実の娘がほとんどやってくれる。〔子供が〕息子ではなく
娘でよかったと思う。働いて得たお金は孫の医学部入学金に使った。あと
は、海外旅行にも使う。この前は友達とオランダに行ってきた。敷地の別
棟には、孫夫婦と曾孫３人が暮らしている。曾孫のために貯金をし、稽古
代を出し、曾孫が通う幼稚園には〔Ｂグループで製造している〕饅頭を差し
入れる。曾孫たちには「ばばちゃん、ばばちゃん、いつまでも元気で働い
てね」と言われている。

　【C-n 氏　現在同居家族：夫、息子世帯】　Ｃグループで働いて得たお金
は、家族旅行や孫の小遣い、家族の誕生日プレゼントなどに使っている。

また、嫁が勤めに出始めたので、シフトを調整して、孫の幼稚園の送り迎えを〔嫁と〕協力し合っている。農作業は、夫が主に担当し、農繁期には息子と嫁も手伝ってくれる。こんな風に家族といい関係を築きながら働けるのも、シフトや仕事を融通し合えるからだと思う。70歳を過ぎて体力に衰えを感じて、辞めようかどうしようか迷ったけど、お客さんに見られるところではなく、厨房内の天ぷら係など、自分のできる仕事に変えてもらった。「元気で働けることは良い」と家族が思ってくれていることが励みになっている。

　【C-y氏　現在同居家族：夫、実母】　炊事や洗濯は同居している母にお願いしている。Cグループの経営で得た収入で車を買い、母を温泉や母の実家に連れて行ったり、病院や美容室への送り迎えをしたり、親孝行をしている。もちろん、家族で旅行にも行くし、母には小遣いもあげている。大変だったのは、母の体調が崩れたとき。働く時間を短くしたり、休みを多くしたり、グループのなかで融通し合った。私に限らず、メンバー全員がいつ何時、家族の介護が必要になるかわからない。だから、グループの仲間づくりが一番大事。そうでなければ、お互い仕事を融通し合えない。

　嫁や娘、母の理解と協力を得る場合にも、2つの要素が見て取れる。1つは、やはり融通性のある組織内管理である。孫の育児や親の介護が生じた際、シフトを調整したり、労働時間を短縮することで育児や介護に対応する。そうすることで、家族と良好な関係を築いていることがわかる。もう1つは、グループ経営で得た収入で、やはり、小遣いや学費等のプレゼントをあげたり、一緒に旅行や外食に出かけたりしていることである。ただし、夫の理解と協力を得ることと異なるのは、嫁・娘の理解と協力を得る場合には、小遣いやプレゼントをあげる対象が孫や曾孫であることがわかる。

　以上のことから、グループ経営と家庭との両立を要約すると次のことがいえる。
　第一に、制度レベルでの両立である。具体的には、労働者協同組合的な組織

70

内管理がこれにあたる。すなわち、世帯内役割、個人の体力・体調等を思慮に入れた柔軟な就労体制である。第1節で確認したように、女性高齢者たちがグループを辞める理由として、①老親・配偶者の介護や孫の育児、②身体的な問題が多いことを鑑みると、労働者協同組合的な組織内管理が、グループ経営の継続にいかに重要であるかがわかる。

　第二に、判断レベルでの両立である。これには、グループ経営で得られた収益、個々人でいえば「自由に使える収入」が大いに関わる。ただし、家族の誰に理解と協力を求めるかにより、判断方法に若干の違いが見られる。夫の理解と協力を得る場合は、「自由に使える収入」で、①小遣いやプレゼントをあげる、②一緒に旅行や外食をする、といった行為とともに、③おだてたり感謝の言葉をかけて、夫の機嫌をとる。嫁・娘の理解と協力を得る場合でも、「自由に使える収入」で、①小遣いやプレゼント（学費を含む）をあげる、②一緒に旅行や外食をする。ただし、①小遣いやプレゼント（学費を含む）をあげる対象が、孫や曾孫となる。この相違から、「（新）性別役割分業」「家父長制」への賢い妥協策が見て取れる。つまり、自分より「上位」である夫の理解、とりわけアンペイド・ワークの協力を得る場合には、機嫌をとることで関係を良好にする。自分より「下位」である嫁・娘によるアンペイド・ワークの協力はなかば当然のことなので、あえて機嫌をとることはしない。その代わり、孫・曾孫を介在とすることで、良き関係を築くのである。

　では、「（新）性別役割分業」「家父長制」への賢い妥協策をとる女性高齢者たちの主体性は、どのように涵養されたのであろうか。コメントからは、役職に就いてから、さらに家族の協力を得られている状況がうかがえる。夫との関係においても、嫁・娘、母との関係においても、グループ内の人間関係から学び取っていることがわかる。

　たとえば、夫との関係では、「夫婦であっても助け合うことが大事。〔メンバー同士でシフトを融通し合ってやっていくなかで〕相手の身になって思いやること、助け合うことの大切さをAグループで学んだ」（A-r氏）、「班長職に就いて人を育てたことが夫との関係にも活かされていると思う」（A-s氏）、「〔グループ経営で〕メンバーと力を合わせてやっていくことの大切さを学んだけど、家族愛

（夫と力を合わせてやっていくこと）の大切さも同時に学んだ」（B-v氏）、「グループ内でも、物腰の柔らかさやおだて上手が〔会長職としての〕私のやり方なんだけど、夫に対してもそれは発揮できていると思う」（C-i氏）との回答が見られる。

　嫁・娘、母との関係についてのコメントでも、「会長・相談役としてグループを束ねていくなかで、相手に言葉をかけるときには自分を相手に置き換えて話すようになった。これが、嫁との関係にも役立っていると思う」（A-o氏）、「我慢することと融通し合う精神を〔Aグループで〕学んだ〔ので、嫁との関係も良好に築けている〕」（A-h氏）、「役職を若い60歳代に譲り、育成するよう努めている。そんな〔グループ経営での〕経験が、嫁との関係にも活きていると思う」（B-m氏）、「初代の会長が『協力してほしい』と〔80歳代の私を〕頼りにしてくれたので、誰よりも早く出勤し、副会長兼菓子部長としてがんばってきた〔ので、私も娘に家事をまかせている〕」（B-t氏）、「メンバー全員がいつ何時、家族の介護が必要になるかわからない。だから、グループの仲間づくりが一番大事。そうでなければ、お互い仕事を融通し合えない」（C-y氏）と語っている。

　リーダーたちは、労働者協同組合的管理と企業組織的管理とをバランスよく結合しながら組織を運営していくなかで、水平的な人間関係と垂直的な人間関係の両側面を学び取り、そのことを家族との関係にも活かし、グループ経営と家庭とを両立しているといえよう。

(2)　集落内交流との両立

　さて、グループ経営と集落内交流との両立を検討する前に、継続グループのリーダーたちが直面した活動継続の最大阻害要因を確認しておこう。「入会してから今までで働き続けることが最も困難だったことは何ですか」の質問に答えてもらった結果が、表2-8である。3グループを統括すると、①老親介護や孫の育児、②自身の体力や健康問題、③グループ内の人間関係がほぼ同数であるが、Cグループ・リーダーは、②自身の体力や健康問題を挙げた人数が他グループより多い。これは、グループの運営形態・営業時間との連関があると考えられる。第1章でも示したが、1日の営業時間はType Ⅲ：Cグループの運営施設が最も長く、次にType Ⅱ：Bグループが長い。Type Ⅰ：Aグループ

表 2-8　継続グループ・リーダー：活動継続が困難だった最大の要因

(単位：人)

		Aグループ (5)	Bグループ (5)	Cグループ (5)	計 (15)
継続阻害 最大要因	①老親介護や孫の育児	1	2	1	4
	②自身の体力や健康問題	1	1	3	5
	③グループ内の人間関係	2	1	1	4
	④その他、なし	1	1		2

出所)　聞き取り調査による。

は営業時間がなく基本的に午前中の活動である。これに応じて、1人あたりの年間売上額もCグループが最も高く、Bグループ、Aグループの順となる。このことは、自身の体力・体調が活動継続の困難性となって最も現れやすいと同時に、個々人がグループ経営で得られる「自由に使える収入」が平均的に最も多いのがCグループであることを意味している。ところが、表2-5でわかるように、各グループが活動地域とする集落の就労率ならびに平均農業所得はAグループが一番高く、Bグループ、Cグループの順になる。反対に、高齢化率（65歳以上）はCグループが活動する中間農業田畑集落が一番高い。女性だけでなく男性も25%を超えている。つまり、他グループの集落に比して、男性高齢者の「働き口」が少なく、農業に専従しても世帯所得が低いのが、Cグループの集落といえる。

　以上を念頭に入れ、グループ経営と集落内交流との両立を検討していく。表2-9は、継続グループ・リーダーたちの集落内での交流や活動をまとめたものである。重複回答で、①清掃・ボランティア活動や老人会・婦人会との交流、②趣味のクラブ活動や近隣高齢女性との交流、が挙げられる。グループ経営に携わりながらも、集落の活動や交流に参加するのはなぜか。どのように両立しているのか。リーダーたちの語りから探ろう。

① 清掃・ボランティア活動、老人会・婦人会との交流

　まず、リーダーたちが参加している集落の活動で多いのが、清掃活動やボランティア活動である。集落清掃等は、地域によっては老人会や婦人会が行うこともある。老人会・婦人会との交流も含め、積極的に清掃・ボランティア活動に参加する理由について、次のような回答が聞かれた。

表 2-9　継続グループ・リーダー：集落内での交流

（単位：人）

		Aグループ (5)	Bグループ (5)	Cグループ (5)	計 (15)
集落内交流 (重複回答)	①清掃・ボランティア活動 老人会・婦人会との交流	3	3	5	11
	②趣味のクラブ活動 近隣高齢女性との交流	3	2	2	7
集落内交流 夫が代行 (重複回答)	①清掃・ボランティア活動 老人会との交流	1	2	1	4
	②趣味のクラブ活動 近隣高齢者との交流		1		1

出所）聞き取り調査による。

【A-o 氏　現在年齢：80 歳代前半】　道端の花植えや空き缶拾いなど、集落の集まりと加工場の仕事が重なったときは、集落のほうを優先する。集落でも指導的な立場にいるので参加をしないわけにはいかないし、参加をしないと「加工場の仕事ばかりやって〔けしからん〕」という非難が出るかもしれない。集落の集まりに出れば、〔Aグループで製造している〕饅頭の話題が出て、「街で買ったものより美味しそう」「法事のお饅頭をたのむわ」などと、注文にも結びつく。

【A-h 氏　現在年齢：60 歳代後半】　集落のボランティア活動で、絵本の読み聞かせをやっている。〔Aグループで製造している〕饅頭を差し入れする。子供たちに地域の伝統料理や特産品を伝えることに貢献していると思う。

【A-r 氏　現在年齢：70 歳代前半】　以前は、老人会の活動や集落清掃にも参加していたから、〔Aグループの仕事との両立が〕大変だった。今は、定年退職した夫が代わりに出てくれている。

【B-z 氏　現在年齢：60 歳代後半】　集落ではゴミゼロ運動というのがあって、日曜日に空き缶拾いをすることがある。ほとんどの家は女性が出てくるけど、我が家の女性は私 1 人なので、〔Bグループの〕イベント出店

などで行けないときは、定年退職した夫が参加してくれている。婦人会については、60〜70歳代の同年代女性がほとんどなので仲良くしている。「今こういうのが流行っている」「どこそこのが美味しかった」などの話を参考にして、〔Bグループの〕特産品開発につなげたいと思っている。

　【B-t氏　現在年齢：80歳代後半】　毎週木曜日、集落の高齢者への配食ボランティアをやっている。年下の高齢者から「ねえさん、ねえさん」と慕われている。その一方で、「いつまで働いているの〜？」「旦那さんを置いてまで海外旅行に行きたいの〜？」などと、近所の人（同年代女性）に嫌みを言われることがある。〔60歳代の〕若いメンバーたちと同等に、〔キビキビ〕働けなくなったら、そのときは〔Bグループを〕辞めようと思っている。

　【C-e氏　現在年齢：70歳代前半】　最初、Cグループを立ち上げた時、資本金として1人5万円を募ったんだけど、「そんなに出せないわ」という人が結構いた。つまり、5万円を出せる人だけが集まった。そんなこともあってか、「働き口があっていいね」「あそこ（Cグループ）に行っているからいいわよね」と言われることがある。地域に貢献していることをアピールするためにも、集落婦人会でやる草むしりには、優先的に出るようにしている。

　【C-n氏　現在年齢：70歳代前半】　集落の婦人会・老人会でやる植栽活動や清掃活動に参加している。また、老人会のゲートボール大会のときに、Cグループでお金を出し合って饅頭を配ったりする。〔レストランに〕食べに来たときには、「気持ちです」と言って、饅頭をオマケに付ける。集落の人、とくに同年代の女性たちからは、「いつまで働いてるの〜？」「死んで、お金しょってくの〜？」なんて言われることがある。そんなときは、「死んで、〔お金〕しょってくべ〜」と冗談で返している。

　【C-y氏　現在年齢：60歳代後半】　集落でやる田圃の草刈りや空き缶拾いは、定年退職した夫が参加してくれている。夫には必ず「ありがとね

〜」と言っている。それと、夫はゴルフやソフトボールを集落仲間とやって楽しんでいる。集落の人たちとの交流が、定年退職してからの自分の仕事、地域での自分の役割だと思っているみたい。

【C-d氏　現在年齢：60歳代前半】　集落の清掃活動には出るようにしている。「〔Cグループで〕新しいうどんを開発したのよ〜」と言ったら、食べに来てくれた。その一方で、「役場から給料もらって安泰だね〜」と、同年代の男女高齢者から言われることがある。どうやら公務員のような待遇を受けていると誤解している人が多いみたい。「町から場所を借りて自分たちで運営して、利益を分配している。光熱水費も払っている。だから時給も安いしね〜」と説明する。でも、時給が安いことを言うと、ますます〔Cグループに〕入る人がいなくなるんじゃないかと心配になる。それというのも、60歳を過ぎて体力が衰えてきたので、労働時間を短縮（週5〜6日だったのを4日に、1日7時間だったのを5時間に）して対応したんだけど、最近、50歳代以下の人たちが辞めてしまい、1日7時間に戻ってしまった。近頃は、パートでも65歳まで働けるところが増えているみたい。パート志向の人は、より時給の高いところに行ってしまう。集落の清掃活動で会う定年退職した女性に、「もし、どこにも働きに行ってなかったら来てみませんか〜」と声をかけている。

　清掃・ボランティア活動に参加し、老人会・婦人会で集落の人たちと交流する理由として、共通して見られるのは「地域への貢献」をアピールしていることである。清掃活動やボランティア活動といった集落のアンペイド・ワークに積極的に参加し、グループで製造する特産品を無料配布することで、「加工場の仕事ばかりやって〔けしからん〕」「いつまで働いているの〜？」「働き口があっていいね」「役場から給料もらって安泰だね〜」といった誤解や非難を抑制する狙いがあることがうかがえる。融通性のある組織内管理が、優先的な集落清掃等ボランティア活動への参加を可能にしていると考えられるが、定年退職した夫が代行するケースも見られる。集落におけるアンペイド・ワークへの参加がいかに重要であるかがわかる。

② 趣味のクラブ活動、近隣高齢女性との交流

清掃・ボランティア活動に加えて多く聞かれたのが、趣味のクラブ活動への参加、集落・近隣の同年代高齢女性との交流である。参加や交流についての回答として、次のようなことが聞かれた。

【A-k氏　現在年齢：70歳代後半】　集落の清掃活動には必ず参加する。それから、趣味で大正琴をやっているので、〔Aグループで製造している〕饅頭をよく差し入れる。〔Aグループでは〕饅頭以外にも赤飯など、集落の人たちからの注文が多い。

【A-s氏　現在年齢：80歳代前半】　病気をしてから休んでいるけど、趣味のコーラス仲間に〔Aグループで製造している〕饅頭を差し入れしたりする。饅頭は地域の特産品なので誇らしい気持ちにもなる。

【A-r氏　現在年齢：70歳代前半】　70歳、80歳過ぎても働けて収入（自由に使えるお金）を得られることに対して「うらやましい」という気持ちをもっている人はいると思う。私は言われないけど、「まだ働いているの？」と近所の同年代女性から言われる人もいる。ボランティア活動だったら何も言われないんだけどね。〔その人は〕近所の高齢女性たちに〔Aグループで製造している〕饅頭をふるまっているらしい。

【A-o氏　現在年齢：80歳代前半】　パート感覚の人はお断りだし、むやみに人も増やせないので、〔人員を増やすときは〕集落の知人や縁者に声をかけている。たまに、「〔Aグループで〕使ってくれませんか」と電話がかかってくることもあるけど、1人週に2～3日で早朝6時から、イベント出店のときは深夜2時から働くことを話すと、入会してこない。今まで早朝の仕事をしていて定年退職をした人、深夜の仕事をしてきて根性のありそうな人、そんな女性を「1本釣り」で誘っている。

【B-u氏　現在年齢：60歳代後半】　趣味のクラブ活動を楽しんでいる。

お花、登山、陶芸、コンサートなど多趣味なので、集落には趣味仲間がたくさんいる。〔Bグループで製造している〕特産品を差し入れすると、レストランにお客さんで来てくれる。それと、1日の労働時間が長い〔Bグループの〕レストラン部で人員不足が生じるので、近隣の女性で定年退職した人がいないかという情報はたえず集めている。60歳ぐらいになって仕事辞めて家にいた女性に、「年いってる人ばかりだから大丈夫よ。やってみない？」と声をかけたら入会してきた。ただし、新しく入る人は協調性も大事。1人8万円の出資制度もあるので、地元の女性に限定している。

【B-m 氏　現在年齢：70歳代後半】　集落の人たちとはグランドゴルフで親睦を深めている。暮や正月には餅・豆腐、盆や彼岸にはうどん・おはぎの注文がある。もちろん、〔Bグループの〕レストランにも食べに来てくれる。また、新たな入会希望者の情報も得られる。この前も、「定年退職して家で夫と2人顔突き合わせているのも嫌だから」といって〔Bグループに〕入ってきた。ただし、義姉からは「まだ働いているの？　体のためにも、辞めたほうがいいんじゃないの？」なんて言われる。「働いているほうが健康にいいのよ」とは説明している。

【B-v 氏　現在年齢：70歳代前半】　〔Bグループの〕レストラン部は勤務時間が長いし、部長の私は休みも少ないので、集落の人との交流や清掃活動にはすべて、定年退職した夫が参加してくれている。輪投げクラブやグランドゴルフでの試合後には、仲間をレストランに連れて来て「優勝祝」と称して〔Bグループで製造している〕饅頭を1人ずつに配っている。「〔私と〕一緒に経営しているんだ。地域貢献しているんだ」という気持ちでいると思う。夫は、レストラン部の「縁の下の力もち」です。

【C-i 氏　現在年齢：60歳代後半】　「まだ、Cグループに働きに行ってるの〜？」なんて言われることがあるけど、年寄りぶらないでキビキビしていることが大事。水泳、コーラス、カラオケ仲間との交流、それから老人会の清掃活動に参加している。参加や交流が「売上につながるといいな

〜」と思っている。実際、弁当の注文をたのんでくれたり、お饅頭やお焼きを買ってくれたりする。乾麺も「うまいね〜」といって、手土産に使ってくれる。最近、ショッピングセンターのオープンに伴って大量のパート募集があり、〔Cグループの〕50歳代以下の人たちはほとんど辞めていった。自分たちの体（体力・体調）を守るためにも人を入れたい。集落仲間からの情報を得て、定年退職した女性に声をかけている。「時給は安いけど、融通ききますよ〜」と誘い、人材を確保している。

【C-y氏　現在年齢：60歳代後半】　集落では婦人会、老人会、趣味クラブに入っている。婦人会に出たときに新しく開発したうどんのことを話したら、レストランに食べに来てくれた。老人会からはゲートボールのときに弁当の注文がある。自分で集落の同窓会を開いたときも、たくさんお客さんとして来てくれた。ただ、あまり交流のない人たちからは、「役場から給料もらっているんじゃないの？」と言われることがある。自分たちで直売所・レストランを運営して給料を出しているのに、誤解されているのがくやしい。それと、〔体力・体調の問題があってCグループでは〕75歳定年退職制を導入しているので常に人材の補充が頭にある。婦人会や趣味のクラブに顔を出して、入ってくれる人がいないか情報を収集している。地元の人で料理が好きな人、できれば食品関係の会社を定年退職した人（60歳代女性）がいい。そんな人がいたら会って「一緒にやりませんか」と交渉する。人員が不足したときには募集の掲示もするけど、50歳代以下の人は入ってもすぐ辞める。家族の朝食準備があるから早朝の仕事は嫌がる。辞めずに続いている人は、旦那さんが自営業か定年退職後の人。

　これらのコメントから、趣味のクラブ活動への参加や近隣高齢女性との交流の際にも、グループで製造する特産品の差し入れをしていることがわかる。集落活動への参加や交流に、「まだ働いているの？」「役場から給料もらっているんじゃないの？」といった誤解や非難を抑制する狙いがあることもわかる。それと同時に、交流のある集落仲間が消費者としてグループに協力している様子もうかがえる。もう1つは、趣味のクラブ活動への参加や、集落・近隣の高齢

女性たちとの交流で、新たな入会者の情報を収集し、同じ職場で働く仲間の獲得につなげていることである。こうした集落内交流と仕事との両立は、融通性のある組織内管理によって成り立つと考えられる。しかし、両立が困難な場合には、定年退職した夫が集落の人との交流を代行しているケースが見られる。集落清掃等と同様に、趣味クラブ等での交流が、集落の人たちの理解と協力を得られる要素として重要であることがうかがえる。

　　以上から、グループ経営と集落内交流との両立を要約すると次のことがいえる。

　　第一に、制度レベルでの両立である。「〔空き缶拾いに〕ほとんどの家は女性が出てくる」（B-z 氏）の文言でわかるように、清掃等ボランティア活動のアンペイド・ワークは女性の役割である。つまり、集落にも「（新）性別役割分業」が存在するのである。融通性のある就労体制、すなわち労働者協同組合的な組織内管理により、集落の「（新）性別役割分業」に対応しているといえる。ただし、定年退職後の夫に集落清掃等を代行してもらう場合もある。これは、「男がペイド・ワーク／女がアンペイド・ワーク（＋ペイド・ワーク）」という集落の社会規範に対する賢い妥協策の１つといえる。

　　第二に、判断レベルでの両立である。これには、①「地域への貢献」をアピールすること、②「職場の仲間づくり」をすることが挙げられる。

　　まず、①「地域への貢献」をアピールすることである。清掃・ボランティア活動、趣味のクラブ活動に参加し、老人会・婦人会、近隣高齢女性たちと交流を深めるのは、「まだ働いているの？」といった非難や、「役場から給料もらっている」という誤解を抑制する狙いがあると考えられる。では、なぜ集落の高齢者たち、とりわけ同年代の女性高齢者たちは「まだ働いているの？」と非難するのか。「70 歳、80 歳過ぎても働けて収入（自由に使えるお金）を得られることに対して『うらやましい』という気持ちをもっている人はいると思う……ボランティア活動だったら何も言われないんだけどね」（A-r 氏）の発言に、その答えが垣間見える。すなわち、継続グループのリーダーたちが「自由に使える収入」を得ていることへの「羨望」なのである。１人あたりの年間売上額が高いグループほど、平均農業所得が低い集落ほど、リーダーたちへの「羨望」が

強いことがわかる。また、Cグループのリーダーたちが「役場から給料もらっている」と誤解される背景には、男性高齢者の「働き口」が少ない地域性が関与していると思われる。つまり、男性ですら60歳で定年退職をしてから働いていない。働いたとしても、わずかな収入しか得られない。ましてや、「60歳以上の高齢女性に経営なんかできるわけがない」という思い込みが、誤解の源と考えられる。いずれにしても、集落には「男がペイド・ワーク／女がアンペイド・ワーク（＋ペイド・ワーク）」ないし「男（の稼ぎ）が上／女（の稼ぎ）が下」の規範が内在する。ゆえに、清掃・ボランティア活動のアンペイド・ワークに積極的に参加し、グループで製造する特産品を無料配布することで「地域への貢献」をアピールするのである。したがって、グループ経営と集落内交流との両立には、「（新）性別役割分業」ならびに「家父長制」的な文化への賢い妥協があるといえる。

　次に、②「職場の仲間づくり」をすることである。継続グループに共通するのは、定年退職した60歳代の女性に入会を勧誘していることである。その理由は2つある。1つは、50歳代以下の女性では夫が定年退職前であることが多く、朝食準備のため早朝の仕事を避けること。もう1つは、50歳代であれば、ほかにも「働き口」があり、パートタイム職の志向が強い女性は、より時給の高いパート労働に就いてしまうからである。つまり、融通し合う就労体制には「職場の仲間づくり」に適した人材が必要なのである。ゆえに、集落内交流を兼ねながら、定年退職した60歳代女性の情報を収集し、人材として獲得しようとするのである。また、運営施設の営業時間が最も長いCグループでは、新たな入会者を勧誘する理由として、成員の体力・体調を挙げているコメントが多く見られる。体力・体調が活動継続の困難性となって現れやすい運営形態のグループほど、「職場の仲間づくり」に適した人材の獲得に熱心であり、そのために集落仲間の協力を得ていることがわかる。

小　括

　本章では、継続グループ・リーダーたちの事例を中心に、TypeⅠ、TypeⅡ、TypeⅢの高齢女性グループと家族および集落との関係を考察してきた。Type

Iの継続グループ：Aグループは平地農業水田集落、Type Ⅱの継続グルー
プ：Bグループは平地農業田畑集落、Type Ⅲの継続グループ：Cグループは
中間農業田畑集落での活動である。継続グループと家族および集落との関係を、
以下にまとめる。

　第一に、継続グループと家族との関係には、次のような相違点と共通性があ
る。

　継続グループ・リーダーたちの多くは、兼業農家に嫁ぎ、3世代同居で育児
を経験しているが、育児以降入会前の就労形態、入会後の世帯内役割に差異が
ある。Aグループ・リーダーの入会前は自家経営が多く、入会後も家事労働に
加え日常的農作業の世帯内役割がある。Bグループ・リーダーの入会前はフル
タイムの農外就労が多く、世帯内役割は家事労働に加え自家菜園での野菜栽培
である。Cグループ・リーダーの入会前は自家経営もしくはパートタイムの農
外就労であり、世帯内役割も家事労働と日常的農作業、もしくは家事労働と農
繁期農作業とに分かれる。

　地域性は、女性の就労形態と世帯内役割に影響を与えるが、グループ経営と
家庭との両立には共通性が見られる。「(新)性別役割分業」「家父長制」から離
れようとする客体的な要因と主体的な要因である。

　客体的な要因には、①子供独立後の入会、②舅姑他界後の入会が挙げられる。
子供が学校を卒業して社会人となり、老親介護とも無縁となった60歳前後以
降の女性がグループ経営に参入する。これは活動時間・曜日と関連する。「農
産物加工場」での作業は早朝からであり、「農村レストラン」「農産物直売所」
は土曜・日曜が繁忙日となる。子供がまだ学生のうちは、朝食準備や弁当づく
りとの両立が難しく、子供とともに過ごす時間も少なくなる。子供が社会人に
なれば、とくに娘には、土曜・日曜の家事をまかせられるのである。

　主体的な要因には、制度レベルと判断レベルがある。

　制度レベルは、労働者協同組合的な組織内管理による両立である。他の高齢
女性グループと同様、継続グループにおいても活動継続の阻害は、①老親介護
や孫の育児、②自身の体力や健康問題、③グループ内の人間関係である。世帯
内役割や個人の体力・体調等を思慮に入れた柔軟な就労体制が、グループ経営

の継続に有効といえる。

　判断レベルには、グループ経営で得られた収益、個々人でいえば「自由に使える収入」が関わる。夫の理解と協力を得る場合には、「自由に使える収入」で、①小遣いやプレゼントをあげる、②一緒に旅行や外食をする、といった行為とともに、③おだてたり感謝の言葉をかけたりして、夫の機嫌をとる。嫁・娘の理解と協力を得る場合にも、「自由に使える収入」で、①小遣いやプレゼント（学費を含む）をあげる、②一緒に旅行や外食をするのだが、小遣いやプレゼント（学費を含む）をあげる対象が、孫や曾孫である。換言すれば、自分より「上位」である夫の理解、とりわけアンペイド・ワークの協力を得る場合には、機嫌をとることで関係を良好にする。自分より「下位」である嫁・娘によるアンペイド・ワークの協力を得る場合は、孫・曾孫を介在として、良き関係を築く。この判断は、「（新）性別役割分業」「家父長制」への賢い妥協策といえる。

　第二に、継続グループと集落との関係には、次のような相違点と共通性がある。

　継続グループが活動地域とする集落の全産業就労率（15歳以上）ならびに平均農業所得は、Aグループの平地農業水田集落が一番高く、Bグループの平地農業田畑集落、Cグループの中間農業田畑集落の順になる。高齢化率（65歳以上）はCグループの中間農業田畑集落が一番高く、Aグループの平地農業水田集落、Bグループの平地農業田畑集落の順である。他グループの集落に比して、男性高齢者の「働き口」が少なく、農業に専従しても世帯所得が低い傾向が、Cグループの集落にある。ところが、1日の営業時間はType Ⅲ：Cグループの運営施設が最も長く、次にType Ⅱ：Bグループが長い。Type Ⅰ：Aグループは営業時間がなく基本的に午前中の活動である。これに応じて、1人あたりの年間売上額もCグループが最も高く、Bグループ、Aグループの順となる。体力・体調不良が活動継続の困難性となって最も現れやすいと同時に、グループ経営で得られる「自由に使える収入」が平均的に最も多いのがCグループである。

　グループTypeと集落との関係性には差異があるものの、グループ経営と集落内交流との両立には共通性が見られる。集落に内在する「（新）性別役割分

業」「家父長制」的な文化から離れようとする主体的な要因である。主体的な要因には、制度レベルと判断レベルがある。

　制度レベルは、労働者協同組合的な組織内管理による両立である。集落内の活動や交流には、①清掃・ボランティア活動や老人会・婦人会との交流、②趣味のクラブ活動や近隣高齢女性との交流等があるが、融通性のある就労体制が参加や交流を可能とする。

　判断レベルには、①「地域への貢献」をアピールすること、②「職場の仲間づくり」をすることが挙げられる。①「地域への貢献」をアピールすることは、「(新) 性別役割分業」ならびに「家父長制」的な文化への賢い妥協といえる。すなわち、集落に内在する「男がペイド・ワーク／女がアンペイド・ワーク（＋ペイド・ワーク）」ないし「男（の稼ぎ）が上／女（の稼ぎ）が下」という規範への対応である。この規範があるゆえに、「自由に使える収入」を得ていることへの羨望や、「60歳以上の高齢女性に経営なんかできるわけがない」といった偏見が生じると考えられる。1人あたりの年間売上額が高いグループほど、平均農業所得が低く、男性高齢者の「働き口」が少ない傾向のある集落ほど、「羨望」や「偏見」が強い。ゆえに、清掃・ボランティア活動等のアンペイド・ワークに積極的に参加し、グループで製造する特産品を無料で配布することで、「地域への貢献」をアピールする。これは、同年代高齢女性をはじめとする集落の人たちの理解と協力を得ようとする行為である。②「職場の仲間づくり」をすることには、労働者協同組合的な組織内管理が関わる。グループ経営と家庭との両立、グループ経営と集落内交流の両立には、制度レベルにおいて融通性のある就労体制が欠かせない。融通性のある就労体制には「職場の仲間づくり」に適した人材が必要である。ゆえに、集落内での活動・交流を兼ねながら、新たな入会者の情報収集・獲得を行う。これも、同年代高齢女性をはじめとする集落の人たちの理解と協力を得ようとする行為といえる。

　以上から、高齢女性グループは、「(新) 性別役割分業」「家父長制」への賢い妥協策をとり、家族・集落の男性ならびに女性の理解と協力を得て、グループ経営を継続するといえる。賢い妥協策をとる女性高齢者たちの主体性は、労働者協同組合的管理と企業組織的管理とをバランスよく結合しながら組織を運営

84

していくなかで涵養されたものと考えられる。すなわち、「自主的な仕事管理」を動力として、「仕事、家庭、そのほかの関心事（集落内交流）」をうまく両立させるのである。

第**3**章　高齢女性グループと地域諸団体との関係

はじめに

　本書は、ベティ・フリーダンが提唱した「人間らしい仕事」をふまえ、地域の「ほかの集団」との関係を主体的に築き「ともに働く」ことが、高齢女性グループ経営の継続性につながるとの仮説に立つ。ただし、フリーダンは、高齢者個人の地域での活動を示唆した。本章では、高齢女性グループと地域の諸団体との関連に焦点を合わせ、どのような関係を築いて経営を継続しているのかを解明するのが課題である。

　では、日本の農村において、高齢女性グループと「ともに働く」「ほかの集団」とは何か。これについては、靏理恵子のモノグラフが参考となる[1]。農産物・加工品の直売活動を通してエンパワーする農家女性を研究対象とした靏は、地域の諸団体との関係にもわずかに触れている。

　　「女性たちの活動は、農協や市町村・県などと何らかの関連をもつことが多い。……その機関・組織の威信、資金、知恵や手法、場所（会場）、事務局体制などが、女性たちの活動を支える多くの資源として、効果的に利用されてきた。たとえば、農家女性たちが活動を始める際に、『〔農業改良〕普及所の先生が勧めてくださっている』という言葉は、家族および集落の人びとに対してかなりの有効性をもつ。さらに、活動に必要なお金の多くが何らかの事業費として使用でき、まったくの手弁当ということはほとんどない。活動内容や進め方など全般的な事柄について、諸機関・組織の担当者たちの知恵や手法を真似たり借りたりもできる。そのほか、会議やイ

---
1)　靏理恵子［2007］。

ベントなどに必要な場所も無料もしくは安価に借りられ、活動に伴う事務
作業全般の支援も受けていることが多い。……女性たちにとって、必要に
応じて利用できる『頼りになる存在』であることは間違いない」[2]。

　要するに、地域の諸団体とは、農協や市町村・県、および農業改良普及所
（現在は普及指導センター等）を指すといえる[3]。ただし、靏は、農家女性たちの
活動が「農協や市町村・県などと何らかの関連をもつこと」を叙述しただけで、
体系的な分析には至っていない。地域の諸機関・組織が有する資源が、「女性
たちの活動を支える多くの資源として、効果的に利用されてきた」と綴りなが
らも、その関係については、女性たちの「頼りになる存在」で片づけている。

　本書は、すでに第1章において、およそ10年以上にわたり活動を続ける高
齢女性グループ（以降、継続グループ）が「労働者協同組合的管理と企業組織的
管理とで経営のバランスをとりながら、地域資源を経営資源として内部化して
いる」と提示した。地域資源は、それ自体としては特定資源の有無、ある場合
にもその多寡が測れるような客観的なものである。しかし、この地域資源が活
かされるかどうかは、グループ自身の主体的な姿勢・力量の程度に大いに依存
する。ゆえに、グループの主体的な取り組みを体系的に分析する必要がある。
よって、本章では、次のようなフレームワークで分析を進める。まず、事業活
動の基盤に留意する。すなわち、活動場所の確保、販路、商品開発と生産に必
要な地域資源をグループがどのように獲得し、活用するかに焦点を合わせるの
である。現実的には、活動場所・施設は市町村自治体と、主要販路は農協等直
売所と、商品化や研修等は県および農林振興センターと最も関連する。したが
って、これらを中心に分析する。次に、グループからのアプローチを重視する。
すなわち、諸団体の方針、ならびに諸団体からのグループへの働きかけだけで
なく、それをグループがどのように受けとめるかに留意するのである。この受
けとめ方を分析することで、グループ側から地域資源をどのように主体的に活

---

2)　靏理恵子［2007］205、221頁。〔　〕内は引用者。
3)　静岡県の中山間地域を中心に調査を行った中條曉仁［2013］の研究においても、
　女性グループが行政や農協から支援を受けていることが報告されている。

表 3-1　Type Ⅰ：年齢構成と事業継続

	継続　Aグループ	消滅　Xグループ
営業開始 注①	2001 年 4 月	2001 年 4 月
年齢構成 注②	40 歳代 50 歳代　1 人 60 歳代　8 人 70 歳代　5 人 80 歳代　2 人	40 歳代　1 人 50 歳代　2 人 60 歳代　1 人 70 歳代 80 歳代
事業継続 注③	○	× 2011 年末に解散

出所)　各グループへの聞き取り調査による。
注)　①　3 点セットの営業開始年月である。
　　　②　2011 年 1 月時点での年齢構成である。
　　　③　2015 年 1 月時点での継続状況である。
　　　　なお、2019 年 11 月時点においても A グループの事業継続
　　　が見られる。

表 3-2　Type Ⅱ：年齢構成と事業継続

	継続　Bグループ	消滅　Yグループ
営業開始 注①	2005 年 11 月	2005 年 11 月
年齢構成 注②	40 歳代 50 歳代　1 人 60 歳代　13 人 70 歳代　3 人 80 歳代　1 人	40 歳代 50 歳代 60 歳代　12 人 70 歳代　3 人 80 歳代
事業継続 注③	○	× 2013 年 3 月に消滅

出所)　各グループへの聞き取り調査による。
注)　①　3 点セットの営業開始年月である。
　　　②　2011 年 1 月時点での年齢構成である。
　　　③　2015 年 1 月時点での継続状況である。
　　　　なお、2019 年 11 月時点においても B グループの事業継続
　　　が見られる。

用するかの解明ができると考える。

　ところで、S 県での事例研究を続けるなかで、消滅する高齢女性グループ（以降、消滅グループ）も生じた。ここで、継続グループと消滅グループの年齢構成を確認しよう。表 3-1、表 3-2、表 3-3 は、グループ Type 別の比較表である。Type Ⅰ、Type Ⅱ、Type Ⅲのいずれも、継続グループと消滅グループの年齢構成にほとんど差がないことがわかる。むしろ消滅グループのほうが若かった

88

表3-3　TypeⅢ：年齢構成と事業継続

	継続　Cグループ	消滅　Zグループ
営業開始 注①	2004 年 4 月	2001 年 6 月
年齢構成 注②	40 歳代　1 人 50 歳代　4 人 60 歳代　7 人 70 歳代　2 人 80 歳代	40 歳代　1 人 50 歳代　1 人 60 歳代　7 人 70 歳代　2 人 80 歳代
事業継続 注③	○	× 2014 年 3 月に解散

出所）　各グループへの聞き取り調査による。
注）　①　3 点セットの営業開始年月である。
　　　②　2011 年 1 月時点での年齢構成である。
　　　③　2015 年 1 月時点での継続状況である。
　　　　なお、2019 年 11 月時点においても C グループの事業継続
　　　が見られる。

といえる。グループ経営の事業継続を左右する主要因は、年齢ではないと思われる。では、継続グループと消滅グループとの分岐点は何か。継続と消滅の理由は多岐にわたりうるゆえ、その共通の要因を探ることは容易ではない。ただし、グループの主体的な地域資源の活用いかんという本章の切り口から、何らかの手がかりを得ることは可能である。それを意識しながら、本章では、活動場所・施設、主要な販路、商品化および研修等について、継続グループの共通事項を中心に、消滅グループとの対照も織り交ぜながら、地域諸団体との関係を考察していく。第 1 節で、活動場所・施設について市町村自治体との関係を、第 2 節は、主要な販路として農協等直売所との関わりを、第 3 節では、商品化と研修等をめぐる県・農林振興センターとのつながりを検討する。そして小括で、高齢女性グループの経営継続と地域諸団体との関係をまとめる。

1.　市町村自治体との関係

　高齢女性グループの活動場所とその利用状況について、継続グループと消滅グループとを比較すると、継続グループの共通点が浮かび上がる。それは、①市町村自治体が提供する施設を通年にわたり使用していること、②使用施設に指定管理者制度が導入されていないこと、③市町村自治体が紹介する地域イベ

ントに年 10 日以上出店していることである。この要素が、なぜ継続に結びつくのかを、本節では考察していく。

　継続グループの自治体および担当部署は、AグループがA市・経済環境部、BグループがB市・産業振興部、CグループがC町・産業振興課である。担当部署のなかでも、とくに主要となる担当者は、Aグループが農政課職員、Bグループが産業建設課職員、Cグループが地域活性化担当職員である。なお、A市・経済環境部・農政課では女性職員がAグループの主要担当者となる場合もあるが、B市・産業振興部・産業建設課、C町・産業振興課・地域活性化担当では、女性職員がBグループ、Cグループの主要担当者となったことはない。

⑴　自治体担当部署の指針

　まず、自治体担当部署の基本方針に触れよう。各自治体が発行する振興計画等を見ると、担当部署は次のような指針をもつことがわかる。A市・経済環境部は、「農業の振興」「商業の振興」「工業の振興」「観光の振興」ならびに「就労促進・労働行政」による「活力に満ちたまちづくり」である[4]。B市・産業振興部は、「農業環境を整備する」「農業の担い手を育成する」「地産地消を進める」「商業を活性化する」「企業活力を高める」ことで「活力ある産業が育つまち」にする[5]。C町・産業振興課は、「地域を明るく元気にする交流と産業の育成」を目標とし、「農業経営の改善・後継者担い手の確保」「地域産業発展への支援」「地域資源発掘と観光農業の振興支援」を行う[6]。「活力に満ちたまちづくり」「活力ある産業が育つまち」「地域を明るく元気にする交流と産業の育成」といった指針から、A市、B市、C町の各部署とも地域活性化政策を掲げていることがわかる。地域を活性化する手段として、農業、商業、工業、ないし観光の振興を施策としているのである。このうち、継続グループが活動する施設、すなわち「農産物加工場」「農産物直売所」「農村レストラン」の3点セットに関わる施策では、A市・経済環境部が「都市と農村の交流」、B市・産業振興部が「消費者と生産者の交流」、C町・産業振興課が「農村移住・交流」といっ

4）　A市「総合振興計画」2008 年。
5）　B市「総合振興計画」2008 年。
6）　C町「総合計画基本構想」2010 年。

90

表 3-4　自治体が賄う維持管理・修繕費用

(単位：円)

	Aグループ 活動施設　注①		Bグループ 活動施設　注②		Cグループ 活動施設	
	維持管理費	修繕費	維持管理費	修繕費	維持管理費	修繕費
平成 16 年度 2004.4〜2005.3	332,000	0	—	—	382,508	223,335
平成 17 年度 2005.4〜2006.3	311,000	360,150	—	—	341,775	0
平成 18 年度 2006.4〜2007.3	290,000	94,500	—	—	318,150	0
平成 19 年度 2007.4〜2008.3	311,000	0	852,600	5,019	491,400	0
平成 20 年度 2008.4〜2009.3	325,000	0	852,600	0	318,150	441,000
平成 21 年度 2009.4〜2010.3	337,000	369,600	852,600	229,904	318,150	472,500
平成 22 年度 2010.4〜2011.3	349,000	104,370	852,600	39,288	318,150	653,100
平成 23 年度 2011.4〜2012.3	385,000	328,650	849,450	66,625	323,610	166,950
平成 24 年度 2012.4〜2013.3	394,000	0	829,500	90,276	156,240	85,848
平成 25 年度 2013.4〜2014.3	413,000	1,554,000	829,500	108,360	158,970	0

出所)　各自治体の決算書にもとづき作成した。
注)　①　Aグループ活動施設の維持管理費は、全体の農林公園費に対する加工場面積比率で算出した。
　　②　Bグループ活動施設の維持管理・修繕費については、B市と合併した平成 19 年度以降の記録
　　　となる。

た共通事項が見られる。つまり、農業と観光の連携を主とする地域活性化政策において、Aグループ、Bグループ、Cグループは重要な位置づけにあるといえる。ゆえに、自治体側も、地域活性化政策の重要拠点において通年にわたり活動する、高齢女性グループの経営継続を望むのである。

　ここで、継続グループが活動拠点とする施設についての各自治体の歳出・歳入を、表 3-4、表 3-5 で確認しよう。表 3-4 は、自治体が賄う施設の維持管理費ならびに修繕費用である。表 3-5 は、各グループが自治体に納める施設の使用料ならびに光熱水・通信費である。Aグループ、Bグループ、Cグループが活動拠点とする施設は、いずれも自治体の資産であるゆえ、施設の維持管理・修繕費等は、基本的に自治体の予算によって賄われる。これに対し、各グルー

表 3-5　自治体に納める使用料および光熱水・通信費

(単位：円)

	Aグループ 活動施設　注①		Bグループ 活動施設　注②		Cグループ 活動施設　注③	
	使用料	電気・水道・ 通信費	使用料	電気・水道・ ガス・通信費	使用料	電気・水道・ 通信費
平成 16 年度 2004.4〜2005.3	97,300	0	—	—	2,000	636,796
平成 17 年度 2005.4〜2006.3	98,800	0	—	—	2,000	834,839
平成 18 年度 2006.4〜2007.3	99,000	0	—	—	2,000	838,259
平成 19 年度 2007.4〜2008.3	120,600	0	9,490	2,720,633	2,000	880,258
平成 20 年度 2008.4〜2009.3	119,500	0	9,490	2,976,268	2,000	1,053,749
平成 21 年度 2009.4〜2010.3	119,500	0	814,883	2,874,131	2,000	1,339,765
平成 22 年度 2010.4〜2011.3	125,900	0	746,198	2,883,267	2,000	1,608,594
平成 23 年度 2011.4〜2012.3	120,000	0	717,501	2,906,660	2,000	1,583,942
平成 24 年度 2012.4〜2013.3	124,100	0	685,878	3,054,230	2,000	1,772,980
平成 25 年度 2013.4〜2014.3	124,700	0	649,049	3,421,844	2,000	1,979,691

出所)　各自治体の決算書にもとづき作成した。
注)　①　Aグループは、施設で使用する燃料費を自治体には納めず、業者に直接支払っている。
　　②　Bグループ活動施設の使用料および電気・水道・ガス・通信費については、B市と合併した平
　　　成 19 年度以降の記録となる。また、平成 20 年度までの使用料には、減免措置がとられている。
　　③　Cグループは、施設で使用する燃料費を自治体には納めず、業者に直接支払っている。また、
　　　使用料は施設内直売コーナーへの出品料である。

プが自治体に支払う施設の使用料等は、比較的低料金であることがわかる。A
グループの施設使用料は、A市から 8 〜 7 割の減免措置がとられている。Bグ
ループは売上の 2 ％を施設使用料としてB市に納める規定である。ただし、平
成 20 (2008) 年度までは減免措置が見られる。Cグループは、C町と無償の施
設使用貸借契約を交わし、施設内直売コーナーへの出品料として年額 2,000 円
を支払うのみとなっている。施設で使用する電気・水道・通信の費用は、A
グループは免除である。これは、Aグループが活動する敷地内には、A市・農政
課の事務局やA社（市・農協・商工会等出資の株式会社）が運営する直売所とレス

トランもあり、使用する費用が総括されて予算に計上されるためである。Bグループ、Cグループは電気・水道・通信費の使用分を自治体に納金している。なお、燃料費については、Bグループが自治体へ、AグループとCグループは業者への直接支払いである。

⑵　グループに関わる担当者

では、各自治体の担当職員は、どのようにグループに接するのだろうか。表3-6は、継続グループに関わる担当部署・職員とその内容をまとめたものである。

A市・経済環境部、B市・産業振興部、C町・産業振興課に共通していえるのは、①グループの活動施設に担当者が常駐あるいは訪問すること、②担当部署がイベント出店の紹介をグループにすること、③グループの会議に担当者が出席することである。継続グループの活動場所をめぐる、担当者との接点は次のように説明できる。

Aグループの活動拠点は農林公園内の加工場である。公園内には農政課の事務局があり、職員2～3人が常駐している。全員男性の場合も、女性1人が入る場合もある。職員のなかからAグループの担当者が決められ、担当職員は、月ごとに開かれるAグループの運営会議に必ず出席する。公園内ならびに市内で開催されるイベント等の情報を伝え、グループの参加・出店を確認する。

Bグループの活動施設である加工場・レストランには、産業建設課職員が月に1回以上は訪問する。これは、施設使用料と光熱水費の請求、およびレストラン来店客数の調査を兼ねてのことである。Bグループの会長と談話をし、修理・修繕費等の相談にも乗るが、対応は担当職員により異なる。市内で開催されるイベントの出店については、商業観光課の職員が電話でグループに紹介する。

Cグループの活動場所は加工場・直売所・レストランの一体型施設である。近距離に役場があり、緊急時には地域活性化担当職員が駆けつける。また、Cグループの視察研修旅行には、年に1度は同行する。Cグループが年に20日ほど出店するイベントについては、町内・町外ともに地域活性化担当職員が紹介する。町内イベントの際には、担当職員がハッピを着用してイベント準備と

表3-6　継続グループに関わる担当者

	Aグループ	Bグループ	Cグループ
担当部署	A市　経済環境部 　農政課 　商工課 　キャラクター推進室 　環境課	B市　産業振興部 　農地整備課 　農業振興課 　商業観光課 　企業活動支援課 　地域行政センター（旧B町） 　産業建設課	C町　産業振興課 　農業政策担当 　地域活性化担当
常駐・訪問	公園敷地内に事務局があり、農政課の職員2〜3人が常駐している。職員は、全員男性の場合も、女性1人が入る場合もある。女性職員が常駐する場合は、Aグループの担当者となる。	施設使用料・光熱水費の請求、および来店客数の調査のため、月1回以上は地域行政センター・産業建設課・担当者（過去すべて男性）が会長を訪問する。担当者により異なるが、修理費等の相談に乗ることもある。	役場と施設は近距離のため、トラブル発生時には、地域活性化担当職員が駆けつける。
会議出席	運営会議　月1×12回 出席者 　農政課担当者 　農林振興センター担当職員	総会　年1回 出席者 　産業建設課 　　課長、副課長（担当者） 　農林振興センター担当職員 　JA関係者	総会　年1回 出席者 　町長 　産業振興課　課長、担当者 　農林振興センター担当職員 　JA関係者
イベント出店	年10日ほど 主として農政課が出店紹介 ※担当者が女性の場合は販売応援もあり	年20日ほど（県イベント含む） 主として商業観光課が出店紹介 （市内のイベントのみ）	年20日ほど（県イベント含む） 主として地域活性化担当が出店紹介 ※イベント用のハッピを着用しイベント準備・片づけ・販売応援をすることもあり
商品化・PR・他	農政課が 　体験教室をセッティング キャラクター推進室が 　特産品のキャラクター化	商業観光課が 　レストラン地場産品メニューをB市ホームページと市内全戸配布のチラシに掲載	地域活性化担当が 　グループの視察旅行に年1回は同行 農業政策担当が 　特産品づくり研修等を開催

出所）　各自治体および各グループへの聞き取り調査（2014年4月〜2015年3月）による。

片づけを行い、出店したグループの販売応援をすることもある。

　こうして見ると、継続グループの自治体担当者は、平均して月に1回以上は、グループと何らかの接触をもっていることがわかる。主たる担当者以外の職員も、商品・メニューの宣伝、研修等でグループと接する機会がある。もちろん、これらも地域活性化政策の一環である。

　では、自治体担当者との接触を、継続グループはどう思っているのだろうか。①グループの活動施設へ担当者が常駐あるいは訪問することについて、②担当部署が紹介するイベントへの出店に関して、それぞれ次のようなコメントが聞かれた。

①　常駐・訪問について

　【Aグループ】　施設は借りているので、電気・水道・修理代は役所もちで、農林公園全体で予算を組んでやっている。公園内に役所の人がいつもいるので心強い。電気・水道・修理代が役所もちじゃなくなったら、やっていけない。古い機械が故障して、新しい機械を購入せざるをえなくなったときは役所と交渉し、予算を組みやすい修理代として、新しい機械の購入費を捻出してもらった。

　【Bグループ】　2年ごとに役所の担当者は替わる。建物、機械、備品などの不具合があっても、前任者は「予算ないよ」「金ないよ」で終わりだったから「言ってもムダ」という気持ちになった。新しい担当者は、「何か困っていることはないか？」と相談に乗ってくれ、修理・修繕費の予算を捻出する工夫や努力をしてくれる。

　【Cグループ】　何かトラブルがあったとき、役場が対応してくれることがありがたい。修理・修繕が発生したときや、「商売がしたいから駐車場の場所を貸してくれ」など、外部者の対応については、〔グループが〕女性ばかりなので不安がある。修理・修繕費用が5万円以上になる場合は、役場に要求を出し交渉する。たとえば、建具の修繕をシルバー人材登録者にたのんだ場合、その労賃はCグループが出し、修繕の材料費は役場がもつという具合です。

　ここからはまず、何か困ったことがあるときに、自治体担当職員に相談をしたり、問題をもちかけたりする継続グループのアプローチが見て取れる。次に、

担当職員が相談に乗ってくれること、トラブル時に対応してくれることを、継続グループはありがたく思っていることがわかる。だが、単なる「頼りになる存在」だけではすまされない状況が、以上の語りから読み取れる。年数が経つごとに施設は老朽化する一方で、各自治体は行財政改革を背景に、予算を削る傾向にある。建物、機械、備品等の修理・修繕費を極力負担したくない自治体との間で、継続グループが交渉している様子がうかがえる。

② イベント出店について

【Aグループ】　役所の担当者が女性のときは、イベント出店の販売応援に来てくれるので、「農家のおばさん」にハクがつく。「役所がついてるんだぞ！」という後ろ盾がある。役所の人に「守られている」「フォローしてもらえる」という安心感がある。だけど、役所の人は商売をやったことがないからわからない。「東京だから売れるんじゃないか」「人が多いから売れるんじゃないか」とイベントを紹介してくる。以前、〔都心で行われた〕デパートのイベントに出店して大失敗した。それからは、売れるイベント、売れないイベントを記録に残し、年配女性が集まるイベントで売れることがわかってきた。売れないイベント、遠距離のイベントは出店をやめている。

【Bグループ】　市から紹介されるイベントは、出店料が手頃で近距離が多い。イベント出店の仕込みは早朝からの作業で、みんな家族の朝食準備をしてから出てくる。だから、なるべく近場でコスト的にも体力的にも無理のないイベントを選んでいる。販売品目については事前に調査をし、ほかの店舗とバッティングしないように、電話で市の商業観光課に聞いている。品目が決定したら、販売担当者を決め、天気、曜日、客層、昨年の実績で製造量を調整する。今までのデータから、年配女性が団体で来るイベントの売上が良いことがわかっている。出店したイベントは売上額・出店料を掲示して皆にも見てもらい、次回の励みにする。

【Ｃグループ】　イベント出店は機材の運搬が大変だから、役場の人が車を出してくれるか、自分たちで行ける範囲内かに決めている。地元のイベントなら追加製造しながら会場にもって行けるけど、地元外の場合は早朝４時から仕込みをして、朝８時には販売品をすべて揃えて出発しなければならない。その分、人数が必要になるけど、50歳代以下のメンバーは〔家族の朝食準備があるので〕朝早い仕事を嫌がる。地元以外のイベントではＣグループの加工品は売れないし、体力的にもキツイ。

　ここでも、自治体担当職員の販売応援や情報提供を、継続グループがありがたく思っていることがわかる。だが、やはり、単なる「頼りになる存在」ではない状況が読み取れる。自治体が紹介するイベント出店だからといって必ずしも収益が得られるわけではない。出店することで収益が得られるか否かのデータを取っていることがわかる。また、グループの構成員は家事労働も担う女性高齢者たちである。早朝からの仕込みや機材の運搬が、体力的に重荷であることがわかる。収益面と体力面、この双方を考慮に入れ、出店するイベントを選択していることがうかがえる。

　以上から、市町村自治体に対する継続グループの主体的な働きかけは、次のようにまとめられる。
　第一に、資源獲得への交渉である。事業活動を営めば、活動施設の建物、機械、備品等の老朽化は進む。経営継続には、これら資源の修理・修繕あるいは買替えが必要となる。ところが、市町村自治体は高齢女性グループの活動継続を望みながらも、他方では、修理・修繕費等の予算を削ろうとする。つまり、自治体の地域活性化政策と行財政改革のせめぎ合いのなかに高齢女性グループは立たされるのである。継続グループに共通していえるのは、活動施設の建物、機械、備品等の修理・修繕費あるいは購入費の獲得をめぐり、市町村自治体と交渉していることである。
　第二に、活用する資源の選択である。自治体から紹介されるイベントの出店は、高齢女性グループの重要な経営資源である。だが、イベント出店の仕込みは早朝からの作業となり、家族の朝食準備をすませてから作業場に来るメンバ

ーも多い。加えて、出店に必要な機材の運搬もあり、体力的に負担が大きい。まず1つは、体力的に無理のないイベントを選んで出店していることが、継続グループの共通点として挙げられる。もう1つは、売上管理である。出店した際の売上額や客層をデータに残し、次回出店の判断材料としていることが共通事項である。したがって、体力と収益との双方を考慮に入れた経営資源の選択が、継続グループの自治体への対応といえる。

(3)　指定管理者制度導入の有無

　さて、継続グループの活動施設については、いずれも指定管理者制度が導入されていないことは、すでに述べた。一方、消滅したグループを見ると、指定管理者制度導入の施設で活動していたケースが多い。ここでは、指定管理者制度導入の有無が、高齢女性グループにどのように影響を及ぼすのかを自治体との関係を通して探っていく。

　表3-7は、TypeⅠの高齢女性グループ、継続Aグループと消滅Xグループとの比較表である。両グループとも営業開始は2001年4月、活動拠点は農林公園内ないし観光農園内の「農産物加工場」である。「農産物加工場」の建設に、「農林水産省・経営構造対策（農業構造改善）事業」による補助金が活用されたことまで同様である[7]。相違は、グループが活動する施設に指定管理者制度が導入されているか否かである。

　まず、継続Aグループに関する自治体担当者（A市・経済環境部・農政課）のコメントを紹介しよう。

　　【A市・経済環境部・農政課】　補助金事業には目標（地元農産物の使用
　　量）があるが、県が設定した目標自体が無理な数値なので、今まで目標に
　　達したことはない。毎年、改善計画書を作成し、県の農業ビジネス支援課
　　に提出している。その際、農林振興センターの補助金担当者も同行し、目
　　標達成に向けて「一緒にがんばりましょう」と言ってくれる。県は現場を
　　知らない。数値しか見ない。だから、「目標に達しないなら〔Aグループで

---

　7)　「農林水産省・農業構造改善事業」と「農林水産省・経営構造対策事業」は、名称
　　等において若干の相違はあるが、事業趣旨は同等である。

表3-7　指定管理者制度導入の有無：Type Ⅰ

	継続　Aグループ	消滅　Xグループ
営業開始	2001 年 4 月	2001 年 4 月
拠点施設	農林公園内　農産物加工場 （直売所、レストランに隣接）	観光農園内　農産物加工場 （直売所、レストランに隣接）
施設の整備事業 と条件	農林水産省・農業構造改善事業 女性の経営参画	農林水産省・経営構造対策事業 女性の経営参画
指定管理者	—	第 3 セクター　（町・農協・商工会 等出資の株式会社）
自治体担当職員	A市　経済環境部　農政課	X町　産業観光課　商工観光担当
営業継続	○	×指定管理者から勧告を受け、2011 年末に、Xグループは解散した。

出所）　各自治体担当者および各グループへの聞き取り調査による。

はなく〕ほかの団体にまかせたらどうか？」などと言ってくる。だが、市の政策において、農林公園は重要な「観光拠点」となっている。公園内の直売所・レストランを運営するA社（市・農協・商工会等出資の株式会社）や、加工場で活動するAグループは、魅力ある農林公園をともに盛り上げる仲間だと思っている。先日も直売所で餅つきイベントをやったが、ついた餅でAグループが雑煮をつくり販売してくれた。この売上はAグループのものとなり、「次回もぜひやりたい」と言ってくれている。農家や団体のために予算をとり、経営を一緒になって考える。公園内に農政課職員が常駐しているからこそ、A社、Aグループともに信頼関係が築ける。もし、離れた場所にいたら、こうはいかないと思う。〈2015 年 3 月回答〉

　地域活性化政策にもとづき、自治体担当職員がAグループと信頼関係を築いている様子がうかがえる。「Aグループは、魅力ある農林公園をともに盛り上げる仲間だと思っている」「経営を一緒になって考える」「A社、Aグループともに信頼関係が築ける」という言葉に、主体的に活動する高齢女性グループへの尊重が見て取れる。
　では、消滅Xグループについてはどうであろうか。自治体担当職員（X町・産業観光課・商工観光担当）のコメントは以下の通りである。

　【X町・産業観光課・商工観光担当】　補助金事業は毎年チェックが入り、目標の地元農産物使用量に届かないと改善計画書の提出が必要となる。Xグループが製造する味噌の売上が低迷するなかで、惣菜をつくったらどうかという案が浮上し、県および指定管理者（町・農協・商工会等出資の株式会社）と相談し、加工場を味噌から惣菜製造に変更することを決めた。Xグループに相談すると、高齢化で〔若い〕後継者もいないので解散することに納得してくれた。自治体主導で始めたものの、公共改革プログラム「民間でできることは民間に」という流れのなかで、指定管理者制度が導入されて、Xグループとの関わりが疎遠（年に1度、収支状況を聞きに行くだけ）になっていった。議会でも「独立採算でやればよい」という声もある。採算重視の考えからいくと、女性たちに惣菜を製造してもらうより、〔指定管理者である〕会社がやったほうが早い。会社には、〔Xグループの〕農家女性たちをなるべくパートで雇ってほしいと言っている。〈2011年6月回答〉

　県からの補助金事業に対する締め付けは同等であることがわかる。だが、高齢女性グループへの対応は全く異なる。「高齢化で〔若い〕後継者もいないので〔Xグループは〕解散することに納得してくれた」「〔Xグループの〕女性たちに惣菜を製造してもらうより、〔指定管理者である〕会社がやったほうが早い」という回答からは、高齢女性グループの主体性を認めていないことがうかがえる。

　この差異はどこから生ずるのか。それは、自治体と高齢女性グループとの距離感にあると考える。継続グループの共通性は、平均して月に1回以上、自治体担当職員と接触をもっていることにある。グループとの交渉や会議への出席を通じて、女性高齢者たちの能力が予想以上にあることを担当職員たちは把握している（それでも偏見をもち合わせる担当職員はいるが）。ところが、「指定管理者制度が導入されて、Xグループとの関わりが疎遠（年に1度、収支状況を聞きに行くだけ）になっていった」とX町の担当職員は答えている。高齢女性グループと接する機会が僅少ゆえに実態がわからず、「高齢女性グループ＝主体的に活動できる能力がない」との固定観念に囚われたままなのである。X町が抱く偏見に応じるように、Xグループ側にもX町に対して何らかの交渉をする様子が見られない。

　指定管理者制度は、「地方公共団体が指定する法人その他の団体に公の施設の管理を行わせようとする制度」である。この制度の目的は、「多様化する住民ニーズにより効果的、効率的に対応するため、公の施設の管理に民間の能力を活用しつつ、住民サービスの向上を図るとともに、経費の節減等を図ること」[8]にある。X町のケースを見る限り、地方公共団体にとっての「民間の能力を活用」には、女性高齢者の能力は含まれていないと思われる。女性高齢者の能力を認めない、あるいは把握できない市町村自治体の姿勢が、高齢女性グループの主体的な活動を阻害してしまう場合があるといえよう。

2. 農協等直売所との関係

　高齢女性グループの主要販路とその運営者について、継続グループと消滅グループとの相違を分析すると、継続グループに共通していえることは、グループとは別組織である農協等直売所が主要販路という点である。
　継続グループの店舗販路はいくつかある。このうち、各グループが製造する加工品の売上額が最も高い販路を挙げると、AグループがA社直売所、BグループがB農協直売所、CグループがC農協直売所となる。Aグループが販路とするA社直売所は、市・農協・商工会・金融機関の共同出資により設立された株式会社が運営する直売所である。つまり、継続グループの主要販路である直売所には、いずれも農協が深く関わっていることがわかる。そして、直売所運営組織とグループとは別組織である。本節では、継続グループと農協等直売所との関係を検討していく。

(1) 直売所の理念と運営方針
　まず、農協等直売所の理念、社会的役割、運営方針や運営の方法を説明しよう。表3-8が、A社直売所、B農協直売所、C農協直売所の理念、社会的役割、運営方針・方法、ならびに運営費をまとめたものである。
　各直売所の理念と社会的役割は、A社、B農協、C農協の理念と社会的役割でもある。B農協、C農協の理念と社会的役割はJA綱領にもとづいており、

8）　総務省自治行政局長［2003］。

表 3-8　農協等直売所の理念、社会的役割、運営方針・方法

	A社　直売所	B農協　直売所	C農協　直売所
理念 注①	農村地域における地域住民と都市住民との交流を通し、地域産業の活性化と都市型農業の創造に寄与する。	組合員・役職員は、協同組合運動の基本的な定義・価値・原則（自主、自立、参加、民主的運営、公正、連帯等）にもとづき行動する。	
社会的役割 注②	A社・消費者・生産者とコミュニケーションをはかり、魅力ある施設として地域社会に貢献する。	【消費者に対して】 地域の農業を振興し、我が国の食と緑と水を守ろう。 【地域住民に対して】 環境・文化・福祉への貢献を通じて、安心して暮らせる豊かな地域社会を築こう。 【事業の利用者に対して】 農協への積極的な参加と連帯によって、協同の成果を実現しよう。 【出資者に対して】 自主・自立と民主的運営の基本に立ち、農協を健全に経営し信頼を高めよう。 【協同活動の担い手に対して】 協同の理念を学び実践を通じて、ともに生きがいを追求しよう。	
直売所運営方針	新鮮で安心な農産物を消費者に供給するとともに、農業経営の安定と直売部会・会員相互の親睦を深める。 生産者の保護・育成、門戸を広げ、自主・運営・自立性を尊重する。	新たな農業・農村政策に即した農業生産の維持・拡大ならびに消費者への「安全・安心」な農畜産物の販売力強化に取り組み、市場や取引先拡大をはかり、県内および大消費地に向け、地域実態に応じた販売戦略を策定し、集荷拡大と農家所得の向上に積極的に取り組む。	地産地消への取り組みを中心に、地域情報の発信場所としての特色を活かした新鮮で安全・安心な農産物の販売に努める。
運営方法	農林公園運営方針にもとづき、部会との連携のもとに、A社が直売所を運営する。	B農協農産物直売所運営方針にもとづき、部会長と直売所の店長との協議制により、直売所を運営する。	C農協農産物直売所運営方針にもとづき、部会長と直売所の所長との協議制により、直売所を運営する。
運営費 注③	①年会費 3,000 円 ②バーコードシール 500 円／巻 ③販売手数料 　商品販売額の 10%	①年会費 5,000 円 ②販売手数料 　商品販売額の 12% 　（農産物生産者） 　商品販売額の 15% 　（加工品業者等）	①入会金 5,000 円 ②年会費 1,000 円 ③販売手数料 　商品販売額の 11% 　（内 1 ％が部会費となる）

出所）　A社直売所「農産物出荷の手引き」2012 年、B農協「DISCLOSURE」2014 年、C農協「DISCLOSURE」2014 年、および聞き取り調査にもとづき作成した。

注）　①　A社、B農協、C農協の理念である。
　　　②　A社、B農協、C農協の社会的役割である。
　　　③　平成 25（2013）年度の運営費である。

共通である。JA綱領では、組合員と役職員が、消費者・地域住民・事業の利用者・出資者・協同活動の担い手に対し、社会的役割・使命を果たすことを宣言している。A社（市・農協・商工会・銀行が出資）の社会的役割も、「A社・消費者・生産者とコミュニケーションをはかり、魅力ある施設として地域社会に貢献する」とあり、JA綱領に類似していることがわかる。理念と社会的役割にもとづき、農協等直売所の運営方針は、以下のように掲げられる。

　　　A社直売所：新鮮で安心な農産物を消費者に供給するとともに、農業経営の安定と直売部会・会員相互の親睦を深める[9]。
　　　B農協直売所：新たな農業・農村政策に即した農業生産の維持・拡大ならびに消費者への「安全・安心」な農畜産物の販売力強化に取り組み、市場や取引先拡大をはかり、県内および大消費地に向け、地域実態に応じた販売戦略を策定し、集荷拡大と農家所得の向上に積極的に取り組む[10]。
　　　C農協直売所：地産地消への取り組みを中心に、地域情報の発信場所としての特色を活かした新鮮で安全・安心な農産物の販売に努める[11]。

　いずれの直売所も、「新鮮・安全・安心」な農産物等の販売で共通している。これは、直売所に隣接、ないし近隣の加工場において、手づくり生産を行う高齢女性グループの特徴に適合する。
　直売所の運営方法については、部会との連携ないし協議制である。部会とは、直売所の出荷者組織を指す。直売所に出荷する場合、部会への入会登録が必要であり、部会規約に従うことになる。A社直売所の部会規約、B農協直売所の部会規約、C農協直売所の部会規約では、いずれの部会も出荷者から役員を選出し、年1回の総会を開催する旨が明記されている。各部会の総会資料を見ると、年に数回の役員会を開き、講習会や研修会、セールやイベントなどの内容を、直売所の店長等とともに決めていることがわかる。これは、農協等直売所の職員と出荷者である部会員とが、「協同の成果」の実現に向けて連帯してい

9)　A社直売所「農産物出荷の手引き」2012年。
10)　B農協「DISCLOSURE」2014年。
11)　C農協「DISCLOSURE」2014年。

る姿である。継続グループも各直売所の部会員であり、入会金ないし年会費を納めている。直売所の運営費は、部会の入会金・年会費と販売手数料で賄われる。販売手数料は商品販売額の10〜15％であり、比較的低額といえる。

(2)　直売所店長とグループ

　では、農協等直売所の店長と継続グループとは、どのような関係を築いているのだろうか。A社直売所・店長、B農協直売所・店長、C農協直売所・所長（店長）に、それぞれ継続グループとの関係について、下記の質問を行った[12]。

Q1.　グループと関係を結ぶようになった契機は何でしたか？
Q2.　グループとはどのような契約を締結していますか？
Q3.　グループの商品陳列場所は、どこに位置していますか？
Q4.　グループに対して支援やアドバイスをしていることはありますか？
Q5.　グループとの関係が長い理由は何ですか？
Q6.　グループに高齢女性が多いことを、どう思われますか？

　店長の回答からは、次のような共通点が見られた。
　第一に、継続グループとの関係は、いずれの直売所も新規開設が契機であり、部会への入会登録をもって出荷品の販売契約となっていることである。このことは、グループが農協等直売所とは別組織であることを意味する。
　第二に、継続グループが製造する加工品を「入口の一番目につくところ」あるいは「レジ前のメインな場所」に商品陳列していることである。また、直売所のイベント・セールの際には、来店客に配る豚汁などをグループにつくってもらっていることも共通点である。グループの販売コーナーが優遇され、一体となってイベント・セールを盛り上げる理由としては、①生鮮野菜は季節や天候に左右されるが、加工品は定番商品となること、②加工場が直売所に隣接、あるいは連絡を密にとっているので、柔軟かつ速やかに商品補充ができること、③個人業者を優遇することはできないが、グループは支援しやすいことが挙げられる。

---

12)　C農協直売所の最高責任者は、店長ではなく所長という名称を使用している。

第三に、店長等に高齢女性に対する偏見が見られないことである。「グループに高齢女性が多いことを、どう思われますか？」の質問に、A社直売所の店長は「仲間意識がある」、B農協直売所の店長は「高齢でもがんばっている」、C農協直売所の所長は「女性は話を真剣に聞くし、競争意識も強い」との回答が見られた。これは、直売所の就労者ならびに消費者ともに高年齢の女性が多いことに加え、女性や高齢者が出資者として農業・農協を担ってきた土壌があるためと考えられる。

では、直売所の運営方針に従う店長の日常的な管理に対し、継続グループはどのような受けとめ方をしているのだろうか。直売所に出荷する商品の、①品目・品質について、②価格・数量について質問したところ、以下のような回答が得られた。

① 品目・品質について

【Aグループ】　饅頭の材料にしているモチ米は、地元の営農組織から購入している。地元産だから安全・安心なうえに市場価格より安い。味噌の材料（米・大豆）も地元産100％で、饅頭の皮は県内産の小麦粉を使用している。あんこだけは味の面から北海道産の小豆を使っているが、いずれにしても、すべてが国産。また、饅頭にのせるササゲ豆が市場では中国産ばかりとなってしまったことがあったので、メンバーの自家菜園で栽培している。〔このように、できるだけ地元の農産物を使用して饅頭類を生産し、直売所に出荷しているが〕「何か惣菜をつくってくれないか？」「天ぷらをやってくれないか？」などと、直売所の店長が言ってくることがある。でも、私たちはボランティアじゃない。利益を出さなくてはいけない。採算が合わなければやらない。

【Bグループ】　地産地消でやっているので、農産加工品やレストランメニューの原材料（小麦粉、野菜等）は、B農協から大量に購入している。レストランで出す「本日の天ぷら」の食材も、開店前の直売所で新鮮な旬の

野菜を選んで決めている。また、地場産大豆にこだわった手づくり豆腐を
製造して直売所に出荷している。それと、〔直売所の消費者である高齢女性が〕
「きんぴらごぼう」をつくるのは、手間がかかって大変だから売れるので
はないかと、直売所に出したらヒットした。こういうことは、料理をしな
い男性〔の店長〕にはわからないと思う。家庭の「おふくろの味」をご近所
に（同年代の高齢女性に）分ける感覚で売っているのが、直売所のお客さん
に受けているのだと思う。

　　【Cグループ】　新鮮・安全・安心がC農協直売所の売りなので、地元の
農産物、それも「旬の野菜」にこだわった惣菜を創意工夫して製造し出荷
している。「うどん弁当」やレストランメニューのうどん各種には、地元
の農家が生産する黒大豆を練り込んでいる。また、直売所の消費者は、安
全・安心の意識が高い高齢女性が多いので、同じ消費者の立場で一工夫し
ている。たとえば、「うどん弁当」のうどんは食べやすく小分けに盛りつ
けているし、つゆの材料に化学調味料は一切使用していない。味つけも健
康を考え「うす味」にしている。

　出荷商品の品目・品質についての回答から、まず、継続グループに品目・品
質の決定権があることがわかる。次に、品目・品質を決める要素として、2つ
のことが読み取れる。1つは、地元産へのこだわりである。農協等直売所の運
営方針である「新鮮・安全・安心」な農産物等の販売に合わせて、出荷品の原
材料に地元産の農産物を使用するこだわりが見られる。もう1つは、直売所の
消費者を意識していることである。農協等直売所の消費者は、高年齢の女性が
多い。同年代の女性高齢者たちが経営するグループの強みを活かして、消費者
の嗜好に合わせた品目・品質の決定をしていることがわかる。

② 　価格・数量について

　　【Aグループ】　直売所の販売手数料が上がったことを機会に商品価格も
上げたが影響はない。客離れは起きていない。また、店長に「饅頭を数個

のパック詰めにしたらもっと売れるのではないか？」と言われたが、直売所は少人数家族の客（高齢女性）が多いので、パックに詰めてあると売れない。手間もかかる。イベント時には〔多人数の家族客が多いので〕パック詰めも販売している。

【Bグループ】　直売所のお客さんは単身高齢者が多い。同じ年代の女性だから食べたい量がわかる。「きんぴらごぼう」や「天ぷらセット」の1パック分も、ちょうど良い分量だから売れている。ただし、安全・安心の手づくり品だからといって、市場価格よりかけ離れて高い値段をつけるわけにはいかない。なので、利益は薄くなる。対策として、無理には出荷しないことを心がけている。たとえば、「きんぴらごぼう」は売れ筋だけど、ごぼうが高騰したときは製造を休んだ。あるいは、ごぼうの分量を少なくして出荷した。

【Cグループ】　常に原価を計算しながら価格を設定している。メニューに肉を入れる場合は鶏肉にして高い食材は使わないようにしている。また、材料費が高騰したときは、メンバーの自家菜園で採れた野菜を材料に加えることで対処している。それと、メンバーは〔直売所の消費者と同年代の〕中高年女性ばかりなので、皆の意見を聞いて、加工品の大きさや数量を決めている。たとえば、饅頭の大きさを決めるときも、高齢女性と中年女性とでは好みが違う。高齢女性は比較的大きいサイズを好むが、中年女性は小さいサイズを好む傾向がある。そこで、両方のサイズを製造している。

　出荷商品の価格・数量についても、継続グループに決定権があることがわかる。価格・数量を決める要素として、2つのことが読み取れる。1つは、採算性の重視である。原材料である農産物等の価格を常に念頭に入れて、製造するか否か、製造する場合にも数量や価格を調整して出荷していることがわかる。もう1つは、やはり直売所の消費者を意識していることである。出荷商品の数量でも、直売所の消費者と同年代の女性たちが経営する高齢女性グループの強みが活かされていることがわかる。

　以上から、農協等直売所との関係における継続グループの主体的な行動は、次のようにまとめられる。

　第一に、地域資源の重視である。農協等直売所の運営方針は「新鮮・安全・安心」な農産物の販売で共通している。これは、直売所に隣接ないし近隣の加工場で手づくり生産を行う継続グループの特徴に適合する。この特徴ゆえに、直売所側もグループの商品陳列スペースを優遇し、直売所のイベント・セールをグループとともに盛り上げる。また、第2章でも触れたが、安全・安心な食品製造による「地域への貢献」は女性高齢者たちの「働きがい」でもある。それゆえ、出荷商品の原材料には「地場産へのこだわり」という強い意志が見られる。

　第二に、経営資源の決定である。農協等直売所に出荷する商品の品目・品質・価格・数量は、継続グループに決定権がある。しかし、地場産の原材料で製造した「新鮮・安全・安心」な手づくりの食品とはいえ、市場価格よりかけ離れて高い値段をつけるわけにはいかない。農協等直売所といえども市場経済に包摂されているからである。ただし、農協等直売所の消費者は、高年齢の女性が多い。同年代の女性高齢者たちが経営する高齢女性グループにとっては、消費者目線で出荷商品を決定できる有利さがある。直売所の消費者、すなわち高齢女性の嗜好を意識した商品を製造し出荷することで、地産地消と採算性とを両立させているといえる。

(3)　別組織と同一組織との相違

　継続グループに共通する主要販路が農協等直売所であり、直売所とグループとは別組織であることは、すでに説明した。一方、消滅した高齢女性グループには、主要販路が民間法人直売所であり、直売所とグループとが同一組織であったケースが見られる。別組織と同一組織との相違は、どのように高齢女性グループに作用するのだろうか。Type IIの高齢女性グループ、継続Bグループと消滅Yグループとを比較する。

　表3-9は、継続Bグループと消滅Yグループとの比較表である。両グループとも2005年11月から営業を開始し、活動拠点とする施設は「農産物加工場」と「農村レストラン」である。施設の整備事業も「農林水産省・アグリチャレ

表 3-9　別組織と同一組織との相違：Type Ⅱ

	継続　Ｂグループ	消滅　Ｙグループ
営業開始	2005 年 11 月	2005 年 11 月
拠点施設	農産物加工場・レストラン （加工場とレストランが一体で、直売所が分離）	農産物加工場・レストラン （加工場と直売所が一体で、レストランが分離）
施設の整備 事業と条件	農林水産省・アグリチャレンジャー支援事業 　女性農業者の起業	農林水産省・アグリチャレンジャー支援事業 　女性農業者の起業
主要販路と 運営者	農産物直売所（敷地内） 　Ｂ農協	農産物直売所（敷地内） 　民間法人Ｙ社（農家 3 世帯出資の株式会社）
運営者との 組織の同別	Ｂ農協とＢグループとは別組織	民間法人Ｙ社とＹグループとは同一組織 （ＹグループはＹ社の加工・レストラン部）
営業継続	○	×65 歳定年退職制導入により 2013 年 3 月を 　もって、Ｙグループは消滅した。

出所）　各グループおよび各直売所店長等への聞き取り調査による。

ンジャー支援事業」であることまで同様である。相違は、主要販路である直売所との関係であるといえる。継続Ｂグループの主要販路は、Ｂグループとは別組織の直売所であり、Ｂ農協が運営する。一方、消滅Ｙグループの主要販路は、民間法人Ｙ社（地元農家 3 世帯出資の株式会社）が経営する直売所である。Ｙグループは、「農産物直売所（加工場が付属）」「農村レストラン」のオープンに向けて、饅頭やうどんを開発する農家女性のグループとして発足した。営業開始時、直売所運営組織の法人化に伴い、Ｙ社の加工・レストラン部会となった（Ｙグループは出資していない）。独立採算性ではないものの、70 歳代の女性会長がＹグループを束ね、生産・労務管理等も自主的に行われていた。ところが、当初からの直売所店長が辞め、新たに就任した店長により組織変更が行われた。Ｙグループは、Ｙ社という株式会社における加工部署とレストラン部署になった。さらに、65 歳定年退職制が導入され、60〜70 歳代の農家女性で構成されていたＹグループは消滅した。継続Ｂグループと消滅Ｙグループのコメントを、それぞれ紹介しよう。

　【Ｂグループ】　地産地消、安全・安心の手づくり品だからといって、市場価格よりかけ離れて高い値段をつけるわけにはいかない。原料が高騰したときの対策としては、無理には製造せず〔直売所に〕出荷しないことを心掛け、メンバーの菜園で野菜が多く収穫できたときには、それを材料に加

え、コストを下げる工夫をしている。〈2014年12月回答〉

【Yグループ】　店長が替わってから利益優先になり、原材料が国産から
外国産になるなど、安全・安心からかけ離れた商品化をするようになって、
やりがいがなくなった。加工場で製造する鶏の唐揚も、ブラジル産の加工
肉をただ揚げるだけになった。当初から開発して商品化した饅頭も製造を
止められた。会社の方針が変わり、張り合いがなくなった。〈2013年3月回
答〉

　地産地消、安全・安心、手づくりにこだわる製造品の利潤獲得がいかに困難
であるかが、コメントから読み取れる。継続Bグループは、原料が高騰した場
合には「無理には製造せず〔直売所に〕出荷しない」あるいは「メンバーの菜園
で〔収穫した野菜を材料に加えることで〕コストを下げる」という自らの判断で、
地産地消と採算性とを両立させている。一方、消滅Yグループは、「安全・安
心からかけ離れた商品化をするようになって、やりがいがなくなった」と不満
を抱きながらも、ただ店長の命令に従うしかない。要するに、出荷商品の品目
や品質、価格についての決定権が、高齢女性グループに付与されていないので
ある。ゆえに、自らの判断で、地産地消と採算性との両立をなすことができな
い。換言すれば、主体的な行動を阻害されているといえる。
　継続Bグループ、消滅Yグループに対し、B農協直売所・店長、Y社直売
所・店長は、それぞれ次のようにコメントした。

【B農協直売所・店長】　秋から冬にかけての直売所イベントの際には、
B農協の地元食材でBグループに豚汁をつくってもらい、来店客に配布し
ている。また、本部からの注文、たとえば農協総会や敬老会の昼食・軽食
をBグループに取り次いでいる。Bグループは高齢でもがんばっている。
〈2014年11月回答〉

【Y社直売所・店長】　高齢者はデータを見る能力がない。若い男性を多
く入れて、新たなプロジェクトをつくりたい。〈2013年3月回答〉

　農協は、「協同の理念」にもとづいた社会的役割・使命を宣言し、社会的企業の側面がある。直売所の店長が替わったとしても理念ならびに運営方針は変わらない。農協本部と直売所は、およそ本社と支店の関係であり、店長の意思決定による自由度が比較的低い。一方、民間法人は「協同の理念」による社会的役割・使命を宣言していない。加えて、経営者が生産者であると、商業分野での経験者（生産者でない場合が多い）を店長に選び、直売所の運営を一任しているケースが多分に見られる。それゆえ、店長の意思決定による自由度が比較的高い。店長が替われば、直売所の運営方針も変わり、店長個人の理念・価値観が優先される危険性がある[13]。Y社直売所・店長のコメントを見ると、地産地消と採算性との両立をなしえない消滅Yグループに対し、「高齢女性グループ＝主体的に活動できる能力がない」とのレッテルを貼っていることがわかる。ゆえに、民間法人直売所と高齢女性グループが同一組織の場合、直売所店長等の個人的な価値観・偏見により女性高齢者たちの活動継続が左右される状況があるといえる。

3.　県・農林振興センターとの関係

　高齢女性グループの商品化および研修等の開催者について、消滅グループと比較するなかで、継続グループのすべてにいえるのは、①県ないし農林振興センターが開催する研修等に参加していること、②農林振興センターとの共同開発を行っていることである。この2点が、グループ経営の継続につながるゆえんを、本節では検討していく。

　継続グループと関わる農林振興センターは、AグループがA地区の農林振興センター、BグループがB地区の農林振興センター、CグループがC地区の農林振興センターである。各地区の農林振興センターは、S県・農林部の出先機関となる。なお、高齢女性グループを担当する普及指導員はすべて女性である。

---

13)　兵庫県下の農産物直売所を対象とした経営実態調査においても、「生産者団体や民間団体は、意思決定における自由度が比較的高く、臨機応変に品揃えや運営方法などを変化させることができる」とある（兵庫県中小企業診断士協会［2014］30頁）。

(1)　県および農林振興センターの施策

　まず、県および農林振興センターの施策を紹介しよう。農林振興センターとは、Ｓ県の普及指導員が配属される地域の拠点である[14]。普及指導員とは、農業者と直に接して「農業技術の指導を行ったり、経営の相談に応じたり、農業に関する情報を提供したりすることを専門としている都道府県の職員」をいう[15]。都道府県は、普及指導センター等の拠点に普及指導員を配置し、協同農業普及事業（国民への「食料の安定供給と地域農業の振興の双方に不可欠な事業」）を、国（農林水産省）と協同して実施する[16]。Ｓ県では８地区に農林振興センターが点在し、協同農業普及事業に則した活動ビジョンが、５年ごとに各地区の農林振興センターで作成される。各地区の農林振興センターでは、活動ビジョンをもとに目標値を毎年の普及計画で設定する。

　ここで、Ｓ県・農林部の普及活動推進費を確認しよう。表3-10は、平成20（2008）〜25（2013）年度の予算であるが、財源が国庫と県費からなることがわかる。「普及活動推進事業費」を中心に「ふるさと逸品創出支援事業費」ないし「農から創る６次産業支援事業費」「６次産業化ネットワーク活動推進事業費」等として配分されている。これらの事業が継続グループの活動推進に、主として活用されていることが、表3-11で見て取れる。とりわけ、「普及活動推進事業（高齢者活動促進対策）」「ふるさと逸品創出支援事業」「農から創る６次産業支援事業」の活用頻度が高い。

　これらの事業の目的、支援内容、ビジョン指数との連関は、表3-12である。目的を見ると、いずれの事業も「農村地域（地域農業）の活性化（振興）をはかる」ことで共通していることがわかる。支援内容も、①研修会（あるいは商品評価会）の開催、②商品開発のための技術指導等、共通性が見られる。ビジョン指数との連関は、「普及活動推進事業（高齢者活動促進対策）」が《高齢者農業生産集団数》、「ふるさと逸品創出支援事業」が《農山村女性の起業数》、「農から創る６次産業支援事業」が《起業活動数》および《地域商品開発数》となる。

---

14)　普及指導員が配属される拠点（普及指導センター等）の名称は、都道府県によって異なる。
15)　農林水産省生産局技術普及課［2008］。
16)　農林水産省生産局農産部技術普及課［2014］。

表 3-10　農林部・普及活動推進費（平成 20〜25 年度予算）

	普及活動推進費 財源内訳　注① （千円）	普及活動推進費 事業概要 （千円）			
平成 20 年度 2008.4〜2009.3	国庫　59,993 一般　29,367 89,360	①普及活動推進 事業費 85,817	②ふるさと逸品 創出支援事業費 3,543		
平成 21 年度 2009.4〜2010.3	国庫　60,392 一般　26,944 87,336	①普及活動推進 事業費 84,034	②ふるさと逸品 創出支援事業費 3,302		
平成 22 年度 2010.4〜2011.3	国庫　57,895 一般　36,454 諸収入　37 94,386	①普及活動推進 事業費 87,488	②農から創る 6 次産業支援事業 費 6,898		
平成 23 年度 2011.4〜2012.3	国庫　56,241 繰入金　30,837 一般　34,902 諸収入　28 122,008	①普及活動推進 事業費 85,066	②農から創る 6 次産業支援事業 費 6,105	③6 次産業化 推進事業費 30,837	
平成 24 年度 2012.4〜2013.3	国庫　47,683 繰入金　21,210 一般　36,318 諸収入　23 105,234	①普及活動推進 事業費 70,485	②農から創る 6 次産業支援事業 費 5,190	③6 次産業化 PR 支援事業 費 21,210	④構造改革特区 活用型「6 次産 業モデル」育成 事業費 8,349
平成 25 年度 2013.4〜2014.3	国庫　54,891 繰入金　21,210 一般　28,406 諸収入　22 104,529	①普及活動推進 事業費　注② 68,535	②6 次産業化ネ ットワーク活動 推進事業費 6,392	③6 次産業化 PR 支援事業 費 21,210	④構造改革特区 活用型「6 次産 業モデル」育成 事業費 8,392

出所)　S 県農林部「農林施策の概要」各年、にもとづき作成した。

注)　①　一般とは一般会計（県費）を表す。繰入金とは他会計（県費）からの繰入金を表す。
　　②　平成 25（2013）年度の「普及活動推進事業費」には「新技術導入広域推進事業費」が含まれている。

表 3-11　継続グループの活動推進に活用された県農林施策の事業名

	Aグループ	Bグループ	Cグループ
平成 20 年度 2008.4～2009.3	ふるさと逸品創出支援事業 普及活動推進事業 (高齢者活動促進対策)	ふるさと逸品創出支援事業 教育ファーム運営協議会支援事業 普及活動推進事業 (高齢者活動促進対策)	ふるさと逸品創出支援事業 普及活動推進事業 (高齢者活動促進対策)
平成 21 年度 2009.4～2010.3	ふるさと逸品創出支援事業 普及活動推進事業 (高齢者活動促進対策)	ふるさと逸品創出支援事業 普及活動推進事業 (高齢者活動促進対策)	農産物地産地消推進事業 普及活動推進事業
平成 22 年度 2010.4～2011.3	普及活動推進事業 (高齢者活動促進対策)	農から創る 6 次産業支援事業 普及活動推進事業 (高齢者活動促進対策)	農業経営体育成支援事業 普及活動推進事業
平成 23 年度 2011.4～2012.3	農から創る 6 次産業支援事業 普及活動推進事業	農から創る 6 次産業支援事業 普及活動推進事業 (高齢者活動促進対策)	農から創る 6 次産業支援事業 農業経営体育成支援事業 普及活動推進事業
平成 24 年度 2012.4～2013.3	農から創る 6 次産業支援事業 普及活動推進事業	農から創る 6 次産業支援事業 普及活動推進事業	農から創る 6 次産業支援事業 農業経営体育成支援事業 普及活動推進事業
平成 25 年度 2013.4～2014.3	6 次産業化ネットワーク活動推進事業 普及活動推進事業	6 次産業化ネットワーク活動推進事業 普及活動推進事業	6 次産業化ネットワーク活動推進事業 普及活動推進事業

出所)　各農林振興センター「普及活動の成果」各年、にもとづき作成した。
　　　普及活動推進費以外の農林部事業費が、グループの活動推進に活用されることもある。

《高齢者農業生産集団数》は、高齢者が中心となり、高齢者の有する豊かな経験や知識を活かして、農業生産や農産物加工・販売などの取り組みを行う集団数をいい、《農山村女性の起業数》は、農産物を利用した加工食品・工芸品等の製造販売、農産物の直売、食堂経営などの事業に取り組む女性（グループ）のうち、500 万円以上の年間販売金額を達成している者を数える。つまり、農産物加工・販売等の年間売上が 500 万円以上である高齢女性グループは、《高齢者農業生産集団数》と《農山村女性の起業数》の両者にあてはまるのである。ビジョン指数の目標値を示した表 3-13 を見ると、平成 22（2010）年度までは《高齢者農業生産集団数》と《農山村女性の起業数》の目標値が、平成 23（2011）年度からは《起業活動数》と《地域商品開発数》（6 次産業化で開発された商品数）の目標値が、各地区の農林振興センターにおいて設定されていることがわかる。A 地区農林振興センターの普及指導員によると、平成 22 年度まで

表 3-12　主要事業の目的、支援内容、ビジョン指数

事業名	普及活動推進事業 （高齢者活動促進対策）	ふるさと逸品創出支援事業	農から創る6次産業支援事業
目的	高齢者のもつ豊かな経験や技術、知識を積極的に活用し、農業生産活動を支援することを通じ、農村地域の振興をはかる。	地域農業の活性化をはかるため、遊休農地等を活用して、新規作物の導入を促進するとともに、新規作物を活用した農産加工品の開発・商品化の支援を行うことにより、「ふるさとの逸品」づくりを進める。	農業者のグループが従来の生産に加え、加工・製造、流通・販売まで主体的に取り組む活動を支援することにより、都市住民・消費者との多様な結びつきを通じた販路拡大等を促進し、儲かる農業経営体の育成、農村地域の活性化をはかる。
支援内容	①高齢者対策のための検討会議 ②農業・農村リーダー研修会 ③農業技術講座の開催	①新規作物にかかるマーケティングをもとに、遊休農地等を活用した新規作物の導入を促進するとともに、生産安定に必要な栽培技術指導を行う。 ②生産された新規作物を活用した新たな農産加工品の開発と商品化をはかるため、加工技術の指導や商品評価会の開催などを実施する。	①専門家、消費者、流通業者等を構成員とする推進会議の設置 ②高付加価値化、マーケティング等研修会の開催 ③高付加価値化技術の導入 ④商品開発のための技術指導の実施 ⑤販売促進会の開催により農業者の主体的な販路拡大を支援
ビジョン指数	《高齢者農業生産集団数》	《農山村女性の起業数》	《起業活動数》 《地域商品開発数》

出所)　S県農林部「農林施策の概要」2006〜2012年、および聞き取り調査にもとづき作成した。

表 3-13　ビジョン指数の目標値

	県全体	A地区農林振興センター	B地区農林振興センター	C地区農林振興センター
高齢者農業生産集団数	〜平成22（2010）年度：79集団	8集団	8集団	13集団
農山村女性の起業数	〜平成22（2010）年度：50件	4件	4件	14件
起業活動数	〜平成27（2015）年度：350経営体	36経営体	35経営体	70経営体
地域商品開発数 （6次産業化で開発された商品数）	〜平成27（2015）年度：100商品	22商品	13商品	16商品

出所)　以下の資料にもとづき作成した。
　　　S県「S県民の健康とくらしを支える食料・農業・農山村ビジョン」2004年。
　　　A地区農林振興センター「S県農林業・農山村振興ビジョン　地域プログラム」2013年。
　　　B地区農林振興センター「S県農林業・農山村振興ビジョン　地域プログラム」2011年。
　　　C地区農林振興センター「S県農林業・農山村振興ビジョン　地域プログラム」2011年。

の普及活動推進費の9割は、高齢女性経営体に投入されていたという。平成23年度からは、性別・年齢を特定しない《起業活動数》ならびに《地域商品開発数》が目標値となったため、高齢女性経営体への投入は5割となった。なお、商品開発には、普及活動推進費のほか、S県農協中央会による助成金を利用する場合もある。この助成事業は、農協等直売所で販売する地場農産物の加工・特産化が要件であり、継続グループに該当する。

(2)　研修等参加の意義と商品化

　県の施策により各地区の農林振興センターにおいて、①起業活動数、②地域商品開発数の目標値があることは、すでに確認した。目標値に達するため、各地区の農林振興センターでは研修会を開催し、商品開発の助成金を投入する。表3-14でわかるように、継続グループも毎年、何らかの研修会に参加している。参加した研修名を見ると、表3-10：農林部・普及活動推進費との連動が見て取れる。たとえば、平成22（2010）年度からの普及活動推進費では「ふるさと逸品創出支援事業費」に代わり「農から創る6次産業支援事業費」が予算として計上されている。継続グループが参加した研修会等にも、平成22年度からは「6次産業」との名称が見られる。各地区の農林振興センターが普及活動推進費を活用し、研修会等を開催していることがうかがえる。

①　研修等について

　では、女性高齢者たちは、参加する研修等で何を得るのだろうか。県ないし農林振興センターが開催する研修等についての感想を継続グループに聞いたところ、以下のような回答が得られた。

　【Aグループ】　研修では同年代（70歳代）の女性たちが多数参加しているので励みになる。お互いの発表を聞いて反省をしたり、加工の方法などを参考にしたりする。また、時給のことなど、同じような悩みを抱えていることがわかる。初対面でも気さくに聞けるし、気楽に話せる。研修で60歳代以上の女性たちが頑張っていることを目の当たりにしていることは大きいと思う。役所の担当者が男性だと「若い人を入れろ、募集をしろ」と

表 3-14　継続グループが参加した研修会等（平成 21～25 年度）

	A グループ	B グループ	C グループ
平成 21 年度 2009.4～2010.3	地区農業女性連絡協議会 視察研修会	ブランド品セミナー 食品表示研修会 経営アグリビジネススクールにおいて事例発表	食品表示研修会 農産物加工販売研修会 農産物直売所責任者研修会 のらぼう菜サミット
平成 22 年度 2010.4～2011.3	地区農業女性連絡協議会 視察研修会	食品衛生管理研修会 6 次産業化研修会 食育ボランティア研修会 食育ネットワーク研修会 食品表示を考えるシンポジウム 農商工連携試作品発表会	農産加工品の販売研究会 農産物直売所責任者等研修会 伝統食サミット 味噌講習会 地域農産物活用研修会 経営講習会 食育・健康・農業を考える集い
平成 23 年度 2011.4～2012.3	農商工連携・6 次産業化 商品開発研修会	レストラン部 研修会 6 次産業化研修会 地域農産物（小麦粉）「さとのそら」研修会 研修旅行 6 次産業化のデザイン研修 商品力アップ研修	加工グループ経営力アップ研修会 先進地視察研修会 農産物直売所責任者研修会 地域農産物活用研修会
平成 24 年度 2012.4～2013.3	農商工連携・6 次産業化 商品開発研修会 食の文化祭「食からの地域再生＆ビジネスを考える」 講演会・事例発表 新商品展示と試食	「プレミアム商品」の認定式 地域農産物（小麦粉）「さとのそら」研修会 6 次産業化商品 PR 会	農産物加工品販売促進研修会 6 次産業化事業計画書セミナー 放射線と健康　講演・試食会 農産加工漬物講習会 農産物直売責任者研修会 のらぼう菜加工品展示試食評価会
平成 25 年度 2013.4～2014.3	農商工連携・6 次産業化 商品開発研修会	農産加工品の品質管理講習会 地域農産物（小麦粉）「さとのそら」研修会	うどん講習会 グリーンツーリズム推進のつどい 農産物 6 次産業化試食会

出所）　各グループの内部資料および聞き取り調査による。

よく言ってくる。でも、全く気にならない。

【B グループ】「いつまで働いているのか」、「ふつうは 65 歳で定年だぞ」などと、世間ではやっかみを言う人もいる。だから、知事公館で行われた「商品 PR 会」にも、菓子部長（80 歳代）と一緒に行って、新商品とグループの両方をアピールしてきた。そのときの様子が写真となって農業新聞に掲載されたので、レストラン店内に掲示して、お客さんにも見てもら

っている。

【Cグループ】　新商品の発表会で、ほかのグループが出展する加工品を見て、商品の差別化の参考にする。とくに視察研修に参加すると、新たな発見がある。町内には農産加工を行う同年代の女性グループがもう1つあって、いつも研修で一緒になるので、「負けられない」という気持ちになる。研修の参加者は60～70歳代女性が中心だから、私たち（60歳代）も「まだまだ続けられる」と思う。

　継続グループの研修等参加についてのコメントからは、2つの意義が見出せる。1つは、商品化そのものを促すことである。研修等に参加することで、「商品の差別化」や「加工の方法」などを参考にしていることがわかる。もう1つは、商品化いかんという直接的な成果とは異なる意味で、活動継続の励みにつながることである。農林振興センターが開催する研修等には、60歳代、70歳代、80歳代の女性たちが多数参加する。同年代女性の活動報告や新商品発表を目の当たりにし、「負けられない」「まだまだ続けられる」という気持ちになっていることがわかる。また、「若い人を入れろ、募集をしろ」、「いつまで働いているのか」、「ふつうは65歳で定年だぞ」などと言われることに対しても、女性高齢者たちが動じていない様子がわかる。

　②　商品開発について

　では、助成金による商品開発はどうであろうか。表3-15、表3-16、表3-17は、Aグループ、Bグループ、Cグループが、各地区の農林振興センターと開発した商品化のプロセスを表したものである。商品化とは、開発した加工品がイベント出店での販売、ないし直売所での販売に至ることをいう。継続グループと農林振興センターとの共同開発は次のように説明できる。

　AグループとA地区農林振興センターとの共同開発では、商品化のアイディアや基本レシピは普及指導員がもち寄ることが多く、Aグループが製造した試作品を農林振興センター職員等が試食し、試作品の改良と商品価格の設定はAグループの裁量による。

表 3-15　農林振興センターとの商品化プロセス：Aグループ

商品名	アイディア	基本レシピ	試作	試食	改良	価格設定	イベント販売 注①	直売所販売 注②
しおこうじ	センター	センター	グループ	センター	グループ	グループ	○	○
しょうゆこうじ	センター	センター	グループ	センター	グループ	グループ	○	○
きな粉まんじゅう	センター	センター	グループ	センター グループ	グループ	グループ	○	○
おからまんじゅう	グループ	グループ	グループ	センター	グループ	グループ	○	○

出所）　A地区農林振興センター担当者からの聞き取りによる。2012〜2013 年の商品化である。
注）　①　イベント販売：○は、イベント出店において販売したことを表す。
　　　②　直売所販売：○は、直売所において販売したことを表す。

表 3-16　農林振興センターとの商品化プロセス：Bグループ

商品名	アイディア	基本レシピ	試作	試食	改良	価格設定	イベント販売 注①	直売所販売 注②
おからカリントウ	センター	センター	グループ	センター グループ	センター グループ	センター グループ	○	○
大福豆・三色豆・紅白豆	センター	センター	グループ	センター グループ	グループ	グループ	○	○
ブルーベリーソース	センター	センター	センター グループ	センター グループ	なし	センター グループ	○	○
渋皮栗まんじゅう	センター グループ	センター	センター グループ	センター グループ	グループ	センター グループ	○	○

出所）　Bグループ会長からの聞き取りによる。2010〜2012 年の商品化である。
注）　①　イベント販売：○は、イベント出店において販売したことを表す。
　　　②　直売所販売：○は、直売所において販売したことを表す。

表 3-17　農林振興センターとの商品化プロセス：Cグループ

商品名	アイディア	基本レシピ	試作	試食	改良	価格設定	イベント販売 注①	直売所販売 注②
発芽黒大豆うどん	グループ	グループ	グループ	町長 副町長 町会議員 町職員 JA 職員 県センター職員	グループ	グループ	○	○

出所）　Cグループ会長からの聞き取りによる。2013 年の商品化である。
注）　①　イベント販売：○は、イベント出店において販売したことを表す。
　　　②　直売所販売：○は、直売所において販売したことを表す。

　Bグループと B 地区農林振興センターとの共同開発でも、商品化のアイディアや基本レシピを普及指導員がもち寄ることが多いが、商品の試作や試食、試作品の改良や商品価格の設定は、Bグループのメンバーと普及指導員とが話し合いながら決めている。

　Cグループは、C 地区農林振興センターの普及指導員が長らく不在であったため、近年の共同開発は数少ないが、商品化のアイディアや基本レシピ、商品の試作や改良、そして価格設定は、すべてCグループの主導である。

　以上から、商品化のアイディアや基本レシピについては普及指導員が提案することが多いものの、直売所ならびにイベント出店での販売状況を知る継続グループ側に、商品開発の裁量権があることがわかる。

　こうした農林振興センターとの共同開発は、高齢女性グループにどのような効果をもたらすのだろうか。共同開発についての継続グループの回答は次の通りである。

　【Aグループ】　同じ商品ばかりでは、お客さんに飽きられてしまうので新商品は必要だが、収益にこだわる会計からは「手間や時間がかかり売れなければムダになる。採算面で合わない」という声もある。農林振興センターにはグループの立ち上げからお世話になっているし、月に 1 度の〔Aグループの〕会議にも〔普及指導員が〕出席して県の情報をもってきてくれる。それなので、「商品開発をやっていただけますか？」と言われて、応じないわけにはいかない。役員で話し合って商品化をするかどうかを決めているが、「助成金が出るならいい」と会計も納得する。

　【Bグループ】　必ず月に 1 ～ 2 回、農林振興センターの女性担当者（普及指導員）が〔Bグループの活動施設に〕足を運んでくれて、「補助金があるので一緒に商品化をやりませんか？」と言われると、「新しいものをつくろう！」「売れるように仕上げていこう！」という気持ちになる。でも、お金だけの問題ではない。県の予算縮小からか、B 地区農林振興センターでは訪問指導に来る女性担当者が〔平成 25（2013）年度から〕いなくなり、商品開発の意欲も湧かなくなってしまった。もし、電話で「補助金が出るか

ら」とだけ言われても、「新しい商品を開発しよう！」という気持ちには
ならないと思う。

　【Cグループ】　農林振興センターの担当職員が女性（普及指導員）のとき
は、月に１回ぐらい〔Cグループの活動施設に〕来てくれる。新しい農産物
ができたから、それを使って、「饅頭やお焼き、大福をつくってみません
か？」と言われると、「やってみよう」という気持ちになる。商品開発には
材料費が必要になるけど、補助金が出るから「ありがたい」と思う。ただ
し、新商品の開発は手間ヒマかかってつくっても結局は売れないことが多
い。レストランもやっているので開発する時間もなかなかとれない。「手
づくり」を基本に従来品を大切にして季節感を打ち出していきたい。

　共同開発のコメントからは、やはり２つの意義が見出せる。１つは収益面で
ある。「手間や時間がかかり売れなければムダになる」「新商品の開発は手間ヒ
マかかってつくっても結局は売れないことが多い」の声が示すように、商品開
発にはリスクが伴う。農林振興センターとの商品化のメリットは、助成金の獲
得によるリスク低減にあるといえる。もう１つは収益とは異なる意味で、商品
化の励みにつながることである。いずれの継続グループにおいてもいえるのは、
農林振興センターの普及指導員が月に１回以上グループを訪問し、女性高齢者
たちと直に接して、「商品開発をしませんか？」と促していることである。こ
れにより、「新しいものをつくろう」「やってみよう」という気持ちがグループ
側に起きていることがわかる。ただし、商品開発に費やす手間と時間、収益が
得られるか否かを勘案し、商品開発には応じないケースがあることもうかがえ
る。

　以上から、県・農林振興センターに関わる継続グループには、次のように主
体性が涵養されるといえる。
　第一に、地域資源の収得である。国と県の協同農業普及事業に則した活動ビ
ジョンにより、各地区の農林振興センターは目標値を設定する。目標値は、女
性や高齢者による経営体数、ならびに地域商品開発数であるため、高齢女性の

経営体を維持するための研修等が、各地区の農林振興センターによって開催される。研修等には、60～80歳代の地域女性が多数参加することになる。研修等に参加することで、同年代高齢女性の主体的活動という情報的資源を収得するといえる。その結果、女性高齢者たちは「負けられない」「まだまだ続けられる」という気持ちになる。また、「若い人を入れろ、募集をしろ」「いつまで働いているのか」などと言われても、それほど気にならなくなる。つまり、「高齢女性グループ＝主体的に活動できる能力がない」といった固定観念に惑わされない強さが、継続グループに涵養されるといえる。

　第二に、経営資源としての裁量である。農林振興センターは、地域商品開発数をもう1つの目標値として掲げるため、助成金による商品開発を高齢女性グループに促す。普及指導員がグループを訪問し、「助成金があるので商品開発をしませんか？」と誘うことで、「新しいものをつくろう」という主体性がグループ側に湧き起こる。イベント出店や直売所での販売状況を知る継続グループは、普及指導員が提案した商品化のアイディアを売れる商品につくり上げていく。農林振興センターとの商品化のメリットは、助成金の獲得によるリスク低減にあるが、収益が得られないと判断した場合には、共同開発には応じないケースも見られる。これは、世帯内役割を担う女性高齢者たちが、商品開発に時間や労力を取られたうえに、収益を得られないことを危惧する判断でもある。

(3)　特産品開発と地域諸団体の連携

　これまでの検討で、農林振興センターとの商品化はグループ経営のリスク低減となり、研修等への参加はグループ経営の励みとなることが浮き彫りとなった。ここでは、継続Cグループと消滅Zグループとの比較を通して、県の出先機関である農林振興センターと高齢女性グループとが連携することで産出されるさらなる可能性を探っていく。

　表3-18は、TypeⅢの高齢女性グループ、継続Cグループと消滅Zグループとの比較表である。営業開始は継続Cグループが2004年4月、消滅Zグループが2001年6月である。営業開始時期に3年足らずの開きがあるものの、継続Cグループと消滅Zグループの活動拠点とする施設は、「農産物加工場」「農産物直売所」「農村レストラン（軽食喫茶を含む）」の一体型である。どちらも中

表3-18　特産品開発と地域諸団体の連携：Type Ⅲ

	継続　Ｃグループ	消滅　Ｚグループ
営業開始	2004年4月	2001年6月
拠点施設	農産物加工場・直売所・レストラン（一体型）	農産物加工場・直売所・軽食喫茶（一体型）
施設の整備事業と条件	県・彩の国づくり推進特別事業　個性豊かな地域づくり　住民の利便性向上	農林水産省・山村振興等農林漁業特別対策事業　山間地農業の振興　多様な就業機会の確保
市町村合併	—	村から管理運営を委託されていたが、2005年の編入合併により、Ｚ市の指定管理者となる。
特産品の開発	県・町・農協等と連携して開発	グループ独自で開発
営業継続	○	×指定管理者契約を更新することなく2014年3月に、Ｚグループは解散した。

出所）　各グループの内部資料および聞き取り調査による。

　山間地域で活動する高齢女性グループであり、これまで多くの特産品を開発し、商品化してきた点が類似している。ただし、消滅Ｚグループの活動地域であった村は、2005年の編入合併によりＺ市となった。2010年11月に継続Ｃグループを、2010年12月に消滅Ｚグループを訪れた際、次のようなコメントが聞かれた。

　【Ｃグループ】　町の特産品として、地場産の黒大豆を練り込んだ「うどん」「アイス」をはじめ、地域の専門業者と組んで「羊羹」「とうふ」「醬油」「つゆ」「乾麺」などを商品化してきた。〔女性活躍で町を活性化していく方針だった〕前町長がいろいろ話を聞いてアイディアを出してくれた。ところが、今の町長になってから、〔Ｃグループの〕総会も形式的なものになってしまった。施設が無償貸借契約のため、町会議員のなかには「指定管理者を公募で選定せよ」との意見もあるという。単に利潤追求だけでは言い表せない地域の貢献に取り組んできたのに、そうした評価を議員たちはしているのだろうか。町長の考え方によっては、運営の継続が危ぶまれる。〈2010年11月回答〉

　【Ｚグループ】　村の特産品として、地場産の野菜を使った「ジャム」「パ

イ」をはじめ、100 種類ぐらいの商品開発を手がけてきた。人件費などの
開発コストがかかるので、経営利益の向上にはつながらない。でも、主婦
業で培った料理をビジネスにすることで、あるいは新たな料理を覚えなが
らお金を稼げることが楽しみだし、励みになる。安全・安心な食べ物をつ
くり出すという喜びもある。加工場がコミュニケーションの場で、楽しく
働くことが健康の源。ところが、村が合併して、Ｚ市の指定管理者となっ
た。施設使用料や光熱水費が無料であることに変化はないが、Ｚ市の考え
方は売上・利益が最優先で矛盾だらけ。役所の担当者は上からの指示通り
にしか動かない。現場の意見を吸い上げることはしないし、上から下への
目線で対応するだけ。私たちは楽しく仕事をしたい。会話を楽しむことで
健康になるし、加工場は健康情報交換の場。また、来店客はハイキングに
訪れる人たちがほとんどなので、土日・祝日だけ営業していたのに、役所
から平日営業も強要され夏場だけ月火も営業日にしたが、非効率。さらに、
役所〔の担当者〕は「若い後継者を入れろ」とよく言ってくるが、子供が学
校に通っている〔40〜50 歳代以下の〕女性は、土日・祝日に働くことを嫌が
る。〈2010 年 12 月回答〉

　「単に利潤追求だけでは言い表せない地域の貢献に取り組んできた」、「人件
費などの開発コストがかかるので、経営利益の向上にはつながらない」の語り
から、特産品開発と利潤獲得の並存が容易でないことがわかる。年金収入があ
り、地域貢献や組織内コミュニケーションを「働きがい」と感じる女性高齢者
たちだからこそ、並存が可能だったともいえる。継続Ｃグループは町長の交替、
消滅Ｚグループは市町村合併を機に、行政側と高齢女性グループとの間に隔た
りが生じてしまったことがわかる。「役所の担当者は上からの指示通りにしか
動かない。現場の意見を吸い上げることはしないし、上から下への目線で対応
するだけ」との消滅Ｚグループの発言に、行政側が高齢女性グループの実態を
把握していない様子がうかがえる。子供が学校に通っている 40〜50 歳代以下
の女性は土曜・日曜・祝日の就労を忌避する状況があるにもかかわらず、「若
い後継者を入れろ」と役所の担当者が頻繁に言うのは、実態を把握していない
ゆえである。これまでの考察から、「若い後継者を入れろ」の発言には、「高齢

女性グループ＝主体的に活動できる能力がない」との固定観念が内在すると思われる。

それから３年後の2013年10月、継続Ｃグループでは新しい特産品の試食会が開催された。当日の状況は以下の通りである。

　　【Ｃグループ】　農林振興センターから「補助金があるので地元の農産物を使って何か開発しませんか？」と言われ、「健康効果のある発芽大豆をうどんに練り込んだらどうだろうか」と思い「発芽黒大豆うどん」を開発した。試食会が農林振興センターの発案で開催され、来賓として、町長・副町長・町会議員、農協の支店長・直売所長を招待し、試食アンケートを行った。司会およびアンケート集計は町役場の産業振興課がやってくれた。最後に、メンバー全員が来賓者に挨拶をし、農林振興センターの女性指導員が「〔Ｃグループは〕町の活性化のために努力を惜しまない」と説明した。〈2013年10月回答〉

継続Ｃグループの自主性を尊重しながらも、地域の諸団体が連携し、新たな特産を生み出そうとする様子がうかがえる。県の出先機関である農林振興センターが介在者となり、地域の行政側と高齢女性グループとの隔たりを埋めようとする試みにも見られる。女性高齢者たちの主体的な活動を、地元の議員たちが直接目にすることで、「高齢女性グループ＝主体的に活動できる能力がない」といった偏見の解消も期待できる。一方、農林振興センターとの積極的な関わりが見られなかった消滅Ｚグループは（起業時には普及指導員が来て商品開発の指導があった）、2014年3月に指定管理者契約を更新することなく解散した。解散前の2011年10月、消滅Ｚグループは次のように語っていた。

　　【Ｚグループ】　メンバーは60歳代が中心で、高齢化が進んでいる。今期の指定管理者契約が終了する平成25年度（2014年3月）で解散しようと思っている。〈2011年10月回答〉

県・農林振興センターが開催する研修等に参加し、ともに地域の特産品開発

に携わる継続Cグループが、「研修の参加者は 60〜70 歳代女性が中心だから、私たち（60 歳代）も『まだまだ続けられる』と思う」、「『負けられない』という気持ちになる」と回答した言葉とは、対照的である。

　小　括

　本章では、高齢女性グループと地域諸団体との関係を考察した。高齢女性グループの Type Ⅰ、Type Ⅱ、Type Ⅲ には、それぞれ継続グループと消滅グループがある。Type Ⅰ は継続Aグループと消滅Xグループ、Type Ⅱ は継続Bグループと消滅Yグループ、Type Ⅲ は継続Cグループと消滅Zグループである。継続を左右する主要因は年齢ではない。しかし、グループの主体的な地域資源の活用いかんという切り口において、地域諸団体との関係を見ると、継続グループには共通性がある。継続グループと消滅グループとには相違点がある。以下に、分析を整理する。

　第一に、市町村自治体との関係である。継続グループの共通性、消滅グループとの相違点は、次の通りである。

　継続グループの共通性は、市町村自治体に対する、①資源獲得の交渉、②活用する資源の選択という主体的な働きかけといえる。事業活動を営めば、活動施設の建物、機械、備品等の老朽化は進む。経営継続には、これら資源の修理・修繕あるいは買替えが必要となる。ところが、市町村自治体はグループの活動継続を望みながらも、他方では、修理・修繕費等の予算を削ろうとする。自治体の地域活性化政策と行財政改革のせめぎ合いのなかに高齢女性グループは立たされるのである。活動施設の建物、機械、備品等の修理・修繕費あるいは購入費の獲得をめぐり、市町村自治体と交渉していることが、継続グループの共通点である。また、自治体から紹介されるイベント出店についても、体力的に無理のないイベントを選び、出店した際には売上額や客層をデータに残し、次回出店の判断材料としていることが継続グループの共通事項として見られる。イベント出店の仕込みは早朝からの作業となり、家族の朝食準備をすませてから作業場に来る女性高齢者たちも多い。加えて、出店に必要な機材の運搬もあ

り、体力的に負担が大きいゆえである。このように、女性高齢者の体力と組織の収益、その双方を考慮に入れた経営資源の選択ならびに資源獲得の交渉が、継続グループの共通性である。これは、労働者協同組合的管理と企業組織的管理の双方による地域資源の内部化といえる。

　継続グループと消滅グループとの相違点は、市町村自治体との距離感にある。継続グループに共通していえるのは、平均して月に1回以上、自治体担当職員と接触をもっていることである。担当職員たちは、継続グループとの交渉や会議への出席を通じて、女性高齢者たちの能力が予想以上にあることを把握できる。ところが、活動施設への指定管理者制度の導入を契機として、担当職員が高齢女性グループと接する機会が僅少となると実態がわからず、「高齢女性グループ＝主体的に活動できる能力がない」との固定観念に囚われる。それゆえ、市町村自治体は高齢女性グループの主体的な活動を阻害し、グループを消滅させてしまう場合がある。

　第二に、農協等直売所との関係である。継続グループの共通性、消滅グループとの相違点は、次の通りである。

　継続グループの共通性は、①地域資源の重視、②経営資源の決定という主体的な行動である。農協等直売所の運営方針は「新鮮・安全・安心」な農産物の販売で共通している。これは、直売所に隣接あるいは近隣の加工場で手づくり生産を行う高齢女性グループの特徴に適合する。この特徴ゆえに、直売所側もグループの商品陳列スペースを優遇し、直売所のイベント・セールを高齢女性グループと一緒に盛り上げる。また、安全・安心な食品製造による「地域への貢献」は女性高齢者たちの「働きがい」でもある。それゆえ、農協等直売所への出荷商品の原材料には「地場産へのこだわり」という強い意志が見られる。しかし、地場産の原材料で製造した「新鮮・安全・安心」な手づくり食品とはいえ、市場価格よりかけ離れて高い値段をつけるわけにはいかない。直売所といえども市場経済に包摂されているからである。したがって、利益は薄くなる。ただし、農協等直売所の消費者は、高年齢の女性が多い。同年代の女性高齢者たちが経営と労働を行う高齢女性グループにとっては、消費者目線で商品づくりができる有利さがある。出荷商品の品目・品質・価格・数量については継続

グループに決定権があり、地産地消と採算性とを両立させている。つまり、地域資源を重視し、それを経営資源として活かすには、労働者協同組合的管理と企業組織的管理との双方によるバランスのとれた経営が必要といえる。

　継続グループと消滅グループとの相違点は、出荷商品の品目・品質・価格・数量についての決定権があるかないかである。農協等直売所の部会員でありながらも別組織であることが継続グループの共通点である。対して、消滅グループは民間法人直売所と同一組織であった。継続グループは、自らの判断で地産地消と採算性との両立を可能にする。消滅グループには、出荷商品の品目や品質、価格についての決定権が付与されていない。そのため、自らの判断で地産地消と採算性とを両立するという主体的な行動ができない。それゆえ、民間法人直売所の経営者側は、「高齢女性グループ＝主体的に活動できる能力がない」とのレッテルを貼り、グループを消滅させてしまう状況がある。

　第三に、県・農林振興センターとの関係である。継続グループの共通性、消滅グループとの相違点は、次の通りである。

　継続グループの共通性は、①地域資源の収得、②経営資源としての裁量による主体性の涵養である。県・農林振興センターは、研修等を開催し、商品化の共同開発を促すことで高齢女性グループを支援する。研修等には、地域の60〜80歳代の女性たちが多数参加することになる。主体的に活動する同年代女性の活動報告や新商品発表を目の当たりにし、「負けられない」「まだまだ続けられる」という気持ちになる。「高齢女性グループ＝主体的に活動できる能力がない」といった固定観念に惑わされない、継続グループの強さを涵養するのが、研修等への参加といえる。農林振興センターとの商品化のメリットは、助成金の獲得によるリスク低減にある。農林振興センターの普及指導員がグループを訪問し、「助成金があるので商品開発をしませんか？」と誘うことで、「新しいものをつくろう」という主体性がグループ側に湧き起こる。イベント出店や直売所での販売状況を知る継続グループは、普及指導員が提案した商品化のアイディアを売れる商品につくり上げていく。ただし、収益が得られないと判断した場合には、共同開発には応じないケースもある。これは、世帯内役割も担う女性高齢者たちが時間と労力を取られたうえに、収益を得られないことへの危

惧を反映したものである。やはり、農林振興センターに対しても、労働者協同組合的管理と企業組織的管理との双方による対応が見られる。だが、地域農産物使用の商品開発と利潤獲得による経営継続の並存は容易ではない。年金収入があり、地域貢献や組織内コミュニケーションを「働きがい」と感じる女性高齢者だからこそ可能ともいえる。こうした高齢女性グループの実態を、議員等の行政側が把握していない状況がある。

　継続グループと消滅グループとの相違点は、「高齢女性グループ＝主体的に活動できる能力がない」との固定観念を跳ね返す力があるか否かである。高齢女性グループの実態を把握していない行政側は、女性高齢者に対する偏見をもち合わせている。たとえば、役所から「若い後継者を入れろ」との度重なる要求があった場合、そこには「高齢女性グループ＝主体的に活動できる能力がない」との固定観念が含まれている。県・農林振興センターとの共同開発、ならびに研修等に参加していない消滅グループには、この固定観念を跳ね返す力がない。ゆえに、自ら解散の道を選んでしまう実状がある。

　以上から、高齢女性グループは、地域諸団体との関係を、資源をめぐる主体的な行為で築き、グループ経営を継続するといえる。主体的な地域資源の活用は、労働者協同組合的管理と企業組織的管理との双方による。すなわち「自主的な仕事管理」を動力とした、経営資源としての内部化である。経営資源としての内部化は、「高齢女性グループ＝主体的に活動できる能力がない」といった固定観念を跳ね返す力を、女性高齢者たちに涵養することとなる。

終　章　高齢女性グループ経営の継続性

1.　得られた知見

　本書は、高齢女性によるグループ経営を研究対象とし、その継続性を解明することを課題とした。S県の農村を調査地とし、県内に設置されている3点セット、すなわち「農産物加工場」「農産物直売所」「農村レストラン」が同一敷地内に整備されている施設を踏査し、そこで活動する高齢女性グループをめぐる関係について分析した。

　S県内に点在する3点セットを踏査すると、3点セットの型と地域・集落、それに高齢女性グループの経営形態とに関連が見られた。序章で述べた通り、3点セットには分離型と半分離型、それに一体型がある。分離型は、都市的地域から平地農業地域にかけての水田集落に見られる。高齢女性グループは「農産物加工場」だけを活動拠点とし、米を原料とする味噌、饅頭、餅菓子などを製造する。これを Type Ⅰ とした。半分離型は、都市的地域や平地農業地域の田畑集落に多く見られる。惣菜や菓子類を製造する「農産物加工場」と、小麦を原料とするうどんをメニューに出す「農村レストラン」の双方が、高齢女性グループの活動拠点である。これを Type Ⅱ とした。一体型は、中間農業地域の田畑集落や山間農業地域の畑地集落に見られるスタイルで、高齢女性グループが運営する事例がある。これを Type Ⅲ とした。

　このように、多様な農村が分布するS県では、女性高齢者たちによる Type Ⅰ、Type Ⅱ、Type Ⅲ のグループ経営が見られる。そのなかでも、起業してから約10年以上にわたり事業を継続する高齢女性グループに着目した。Type Ⅰ がAグループ、Type Ⅱ がBグループ、Type Ⅲ がCグループである。これを、継続グループとし、課題に迫るケース・スタディの中心に据えたのである。第

130

1章で、グループの組織内関係を、第2章で、グループと家族および集落との関係、第3章では、グループと地域諸団体との関係を分析した。得られた知見を以下にまとめよう。

(1) **組織内関係**

まず、第1章では、分業と調整、計画とコントロール、インセンティブ・システム、人の補充と育成といった組織内管理の分析を通して、グループ経営の継続性を知る手がかりを得た。

継続グループ Type Ⅰ、Type Ⅱ、Type Ⅲの相違は、活動拠点とする施設に営業時間があるかないか、ある場合には長いか短いかである。それが就労構造を規定する。Type Ⅰ：Aグループの活動拠点「農産物加工場」には営業時間がなく、成員の就労時間は早朝から昼頃までとなる。Type Ⅱ：Bグループは、営業時間のない「農産物加工場」での就労部門と、営業時間（ランチタイム）のある「農村レストラン」での就労部門に分かれる。Type Ⅲ：Cグループは「農産物加工場」「農村レストラン」に加え、営業時間（10〜17時）の長い「農産物直売所」に対応するため、就労時間は成員ごと異にするスタイルとなる。

経営形態が異なれば、就労構造にも違いが現れるが、組織内管理には共通性がある。労働者協同組合的な側面と企業組織的な側面とで経営のバランスをとっていることである。企業組織的な側面としては、①垂直的な統制による日々の販売量・売上状況等に応じた生産体制、②年功あるいは就業時間帯を考課した時間給、役職ないし労働日数等を評価した決算賞与という金銭報酬のシステムが挙げられる。労働者協同組合的な側面は、①個人の体力・体調、世帯内役割、年金受給の有無などを考慮に入れた分業体制、②全会員による年次計画の承認、全就労者による月次計画の確認、③全就労者が携わることができる商品開発や、お喋りによる仲間づくりというインセンティブ、④労働市場から排除されやすい60歳代の地域女性を後継の人材として採用していることである。ただし、後継の人材として新規に採用した女性たちは、雇用労働者としてのパートタイムを志向する傾向がある。雇用労働者から経営者へと育成する手法が、茶話会・食事会を兼ねたミーティングであり、視察を兼ねた慰安旅行である。これは、成員相互の会話による「職場の仲間づくり」を重視したシステムで、

労働者協同組合的な側面と企業組織的な側面とを結合しているといえる。この結合システムが、グループ経営の継続を促進する重要なファクターである。

(2)　家族・集落との関係

　次に、第2章では、継続グループのリーダーたちが、仕事と家庭、仕事と集落内交流を、どのように両立させ、グループ経営を継続しているのかを考察した。

　TypeⅠ、TypeⅡ、TypeⅢの継続グループが活動地域とする集落は、いずれも兼業農家率が約8割以上である。リーダーたちの多くは兼業農家に嫁ぎ、3世代同居で育児を経験している。子供が学校を卒業して社会人となり、老親介護からも解放された60歳前後でグループに入会する。ただし、入会後の世帯内役割には差異がある。平地農業水田集落のAグループ・リーダーは家事労働と日常的農作業、平地農業田畑集落のBグループ・リーダーは家事労働と自家菜園管理が多い。中間農業田畑集落のCグループ・リーダーは家事労働と日常的農作業、もしくは家事労働と農繁期農作業とに分かれる。

　地域性は、女性高齢者の世帯内役割にも差異をもたらすが、グループ経営と家庭、集落内交流との両立には共通性が見られた。制度レベルと判断レベルによる主体的な行動である。

　制度レベルは、労働者協同組合的な管理による。仕事と家庭の両立を阻害する要因は、老親介護や孫の育児、自身の体力や健康問題であるが、世帯内役割や個人の体力・体調等を思慮に入れた柔軟な就労体制が、グループ経営の継続に有効である。集落内交流には、清掃・ボランティア活動や老人会・婦人会との交流、趣味のクラブ活動や近隣高齢女性との交流等があるが、融通性のある就労体制が参加や交流を可能とする。

　判断レベルは、労働者協同組合的管理と企業組織的管理とをバランスよく結合しながら組織を運営していくなかで、女性高齢者たちに涵養された主体性によると考えられる。この主体性を発揮して、家族・集落の男性ならびに女性の理解と協力を得る。①夫の理解と協力を得る場合は、グループ経営で得られた収益、個々人でいえば「自由に使える収入」で、小遣いやプレゼントをあげたり、一緒に旅行や外食をすることに加え、おだてたり感謝の言葉をかけて機嫌

をとる。②嫁・娘から協力を得る場合には、小遣いや学費等のプレゼントをあげる対象を孫・曾孫とすることで良き関係を築く。仕事と家庭を両立させるための判断には、「(新) 性別役割分業」「家父長制」への賢い妥協策があるといえる。③同年代高齢女性をはじめとする集落の人たちの理解と協力を得る場合には、集落内交流・活動に参加し、グループで製造する特産品を無料配布して、「地域への貢献」をアピールする。その背景には、集落の人たちからの「まだ働いているの？」といった非難や、「役場から給料もらっている」という誤解がある。非難は「自由に使える収入」を得ていることへの羨望であり、誤解は「60 歳以上の高齢女性に経営なんかできるわけがない」との偏見から生じると考えられる。仕事と集落内交流の両立における判断には、集落に内在する「(新) 性別役割分業」「家父長制」的な文化への賢い妥協がある。と同時に、労働者協同組合的な組織内管理に関わることでもある。融通し合う就労体制には「職場の仲間づくり」に適した人材が必要である。適した人材の情報・獲得を集落内交流で得るといえる。

(3) 地域諸団体との関係

そして、第 3 章では、市町村自治体、農協等直売所、県・農林振興センターといった地域諸団体と継続グループとの関係を、消滅グループとの対照も織り交ぜながら検討した。

グループ経営の Type Ⅰ、Type Ⅱ、Type Ⅲ には、継続グループと消滅グループがある。継続を左右する主要因は年齢ではない。継続グループと消滅グループとの分岐点、それを収斂すれば、「高齢女性グループ＝主体的に活動できる能力がない」との固定観念を跳ね返す力があるか否かである。消滅グループに関わっていた市町村自治体、ならびに民間法人直売所は、「高齢女性グループ＝主体的に活動できる能力がない」との固定観念に囚われている様子がうかがえた。消滅グループ側も、県・農林振興センターが開催する研修等への参加が見られず、主体的に活動する他の高齢女性グループの情報的資源を得られていなかった。それゆえ、市町村自治体や民間法人直売所からの圧力に屈してしまったといえる。

対して、継続グループには共通性がある。①市町村自治体に対しては、活動

施設の建物、機械、備品等の修理・修繕費あるいは購入費の獲得をめぐり交渉していることである。また、自治体から紹介されるイベント出店についても、体力的に無理のないイベントを選び、出店した際には売上額や客層をデータに残し、次回出店の判断材料としている。女性高齢者の体力と組織の収益、その双方を考慮に入れた経営資源の選択ならびに資源獲得の交渉は、労働者協同組合的管理と企業組織的管理による地域資源の内部化といえる。②農協等直売所との関係では、出荷商品の品目・品質・価格・数量についての決定権が継続グループに帰属することである。直売所の消費者は、高年齢の女性が多い。出荷商品の決定権が高齢女性グループにあることは、地産地消と採算性との両立をもたらす。地域資源を重視しながらも、それを経営資源として活かせるのは、労働者協同組合的管理と企業組織的管理との双方によるバランスのとれた経営ゆえである。③県・農林振興センターと関わることで継続グループが得る資源は、情報的ならびに財務的な要素が大きい。農林振興センターが開催する研修等には、地域の高齢女性たちが多数参加する。主体的に活動する同年代女性の活動報告や新商品発表を目の当たりにし、「高齢女性グループ＝主体的に活動できる能力がない」といった固定観念には惑わされない強さが涵養される。農林振興センターとの共同開発のメリットは、助成金の獲得によるリスク低減にある。ただし、商品開発の決定権ならびに裁量権は継続グループにあり、収益が得られないと判断した場合には、共同開発には応じない場合もある。これは、世帯内役割をも担う女性高齢者たちが、収益を得られない商品の開発には時間や労力をかけられないと判断することでもある。やはり、労働者協同組合的管理と企業組織的管理との双方による対応といえる。

2.　「人間らしい仕事」の獲得

　農村における高齢女性グループ経営の継続性を解明することは、女性高齢者という人的資源の潜在的能力を生産的な社会構造に組み込む方法の課題究明でもある。課題究明の端緒としたのは、ベティ・フリーダンの「人間らしい仕事」である。人間らしい仕事では、①自主的な仕事管理、②仕事と愛（家族、友人）の統合、③コミュニティでの協働、が重要とされた。

　ただし、フリーダンの人間らしい仕事は、個人としての高齢女性を対象とした。日本の農村研究において、人間らしい仕事と類似した「人間らしく働くこと」が天野寛子・粕谷美砂子［2008］により提示されたが、これも個人としての高齢女性を対象とした。さらに、農村の高齢女性グループを取り上げた中條曉仁［2005］もグループの行動を分析したものとはいえなかった。

　本書は、高齢女性グループを行動主体として捉え、それが人間らしい仕事の形成あるいは獲得に向けて、どのような営みを築き上げているのかを分析した。人間らしい仕事のうち、自主的な仕事管理が枢要との視点に立ち、「仕事を自ら管理してみた」という経験が、仕事と愛（家族、友人）の統合やコミュニティでの協働を進めるための動力になっていると想定した。この一連の主体的な営みこそが、高齢女性グループ経営を継続させる原動力となっていると考えたのである。ここに、本書が、①高齢女性グループの組織内関係、②高齢女性グループと家族・集落との関係、③高齢女性グループと地域諸団体との関係を明示した意義がある。なぜなら、「グループ（組織）」として活動を継続していくならば、そこには「個人」だけを照射した場合とは異なる、主体性のプロセスが見られるからである。以上の分析視角から、得られた知見を論じる。

　人間らしい仕事の第一は、「自主的な仕事管理」である。まず、高齢女性のグループ経営には、組織内の関係が重要であり、女性高齢者たちが自らに合わせた組織内の管理を自主的に行うことで、グループ経営が継続できると想定した。すなわち、分業関係とその調整、事業の計画やコントロール、活動へのインセンティブ、人員の補充や育成といった組織内の管理である。継続グループType Ⅰ、Type Ⅱ、Type Ⅲの組織内管理に共通して見られたのは、労働者協同組合的な側面と企業組織的な側面である。女性高齢者たちは家事労働をはじめとする世帯内役割をも担いながらグループ経営に参加する。女性高齢者の体力・体調ならびに世帯内役割を考慮に入れた労働者協同組合的な管理が必要である。しかし、60歳代以上の女性たちが中核の高齢女性グループといえども、市場経済に包摂されていることに変わりはない。それゆえに、労働者協同組合的な管理だけでは経営は継続できない。市場経済に合わせた企業組織的な管理も必要である。だが、この両側面が内包されるゆえに組織内にはジレンマが生

じる。要は、このジレンマをどのように調整するかである。継続グループにおいては、成員相互の会話による「職場の仲間づくり」を重視したシステムが、共通して見られた。このシステムにより労働者協同組合的管理と企業組織的管理とを結合し、経営のバランスをとることが、高齢女性グループ経営の継続性に有効である。

　人間らしい仕事の第二は、「仕事と愛（家族、友人）の統合」である。高齢女性のグループ経営には、家族・集落との関係が重要であり、家族・集落に内在する「(新)性別役割分業」「家父長制」にうまく対処し、「仕事、家庭、そのほかの関心事（集落内交流）」との両立をはかることにより、グループ経営を継続するとの仮説を立てた。Type Ⅰ、Type Ⅱ、Type Ⅲの継続グループに共通していえるのは、家族・集落の男性だけでなく女性の理解と協力を得て、「仕事、家庭、そのほかの関心事（集落内交流）」を両立させていたことである。両立方法は、制度レベルと判断レベルによる主体的な行動といえる。制度レベルは、労働者協同組合的管理による両立である。判断レベルは、労働者協同組合的管理と企業組織的管理とをバランスよく結合しながら組織を運営していくなかで涵養された、女性高齢者たちの主体性によると考えられる。養われた主体性で、「(新)性別役割分業」「家父長制」に賢く妥協し、家族・集落の男性ならびに女性の理解と協力を得るのである。それは、労働者協同組合的管理と企業組織的管理による、「仕事、家庭、そのほかの関心事（集落内交流）」の両立といえる。つまり、「自主的な仕事管理」を動力として女性高齢者たちが主体性を発揮し、家族・集落の男性ならびに女性の理解と協力を得ることで、グループ経営を継続するのである。

　人間らしい仕事の第三は、「コミュニティでの協働」である。高齢女性のグループ経営には、地域諸団体との関係が重要であり、地域諸団体との連携とその関わりのなかでの主体的な営みが、高齢女性グループ経営の継続性を支えると仮定した。Type Ⅰ、Type Ⅱ、Type Ⅲの継続グループに共通していえることは、市町村自治体、農協等直売所、県・農林振興センターの地域諸団体に対し主体的に行動していたことである。市町村自治体に対しては、女性高齢者の

136

図 4-1　継続性の関係

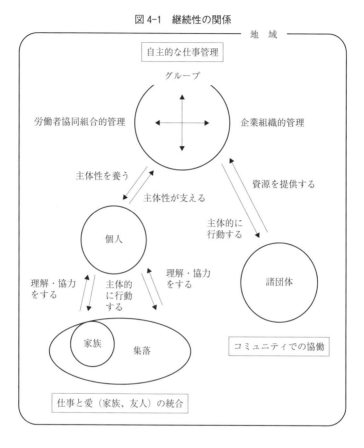

体力と組織の収益の双方を考慮した、経営資源の選択ならびに資源獲得の交渉
が見られた。これは、労働者協同組合的管理、ならびに企業組織的管理による
地域資源の内部化である。農協等直売所に対しては、地域資源を重視しながら、
それを経営資源として決定ができる関係である。これは、労働者協同組合的管
理と企業組織的管理とのバランスの良い経営から生じる、地産地消と採算性と
の両立といえる。県・農林振興センターとの関係では、地域資源の収得ならび
に経営資源としての裁量が見られた。これも、労働者協同組合的管理と企業組
織的管理の双方による対応といえる。つまり、地域諸団体は高齢女性グループ
に地域資源を提供し、高齢女性グループは「自主的な仕事管理」により地域資
源を経営資源として内部化するのである。資源の内部化により、「高齢女性グ

ループ＝主体的に活動できる能力がない」といった固定観念には惑わされない
強さが女性高齢者たちに涵養される。主体性が養われた女性高齢者たちは、グ
ループ経営を継続していくのである。

　以上から、高齢女性グループ経営の継続性は、図4-1のように表せる。まず、
グループ経営の継続には、女性高齢者たちによる「自主的な仕事管理」が重要
である。「自主的な仕事管理」には、労働者協同組合的な管理だけでなく、市場
経済に合わせた企業組織的な管理も必要である。労働者協同組合的な管理と企
業組織的な管理とを、成員相互の会話による「職場の仲間づくり」を重視した
システムで結合し、経営のバランスをとることが肝要である。そのうえで、
「自主的な仕事管理」により養われた主体性が、「仕事と愛（家族、友人）の統
合」ならびに「コミュニティでの協働」の動力となる。「仕事と愛（家族、友人）
の統合」は、「（新）性別役割分業」「家父長制」に賢く妥協するという女性高齢
者たちの主体的な行動で可能となる。この主体的な行動により家族および集落
の理解と協力を得て、「仕事、家庭、そのほかの関心事（集落内交流）」を両立す
る。この両立があってこそ、女性高齢者たちは仕事を継続できる。「コミュニ
ティでの協働」は、地域資源を経営資源として内部化することでの経営継続と
換言できる。資源の選択、交渉、裁量、決定は、企業組織的管理と労働者協同
組合的管理とをバランスよく結合した経営から生じる女性高齢者たちの主体的
な行動である。また、資源の内部化により「高齢女性グループ＝主体的に活動
できる能力がない」といった固定観念には惑わされない強さが女性高齢者たち
に涵養され、グループの経営を支える。この固定観念をフリーダン風に言うな
らば、「偏見に満ちた『老いの神話』と、同じく偏見に満ちた『女性の神話』と
の――両者とも弱々しいものだという――奇妙な結合物」[1]である。奇妙な結合
物は、女性高齢者の経営をネガティブなイメージで論じる研究者だけでなく、
地域の行政、諸団体、集落の人々のなかにも潜む。この結合物に押しつぶされ
るとき、高齢女性グループは消滅する。しかし、女性高齢者たちの主体的な活
動による「自主的な仕事管理」を軸とした「仕事と愛（家族、友人）の統合」な
らびに「コミュニティでの協働」が見られるとき、奇妙な結合物を跳ね返し、

1)　Betty Friedan［1985］pp. 93-94；ベティ・フリーダン［1998］177頁。

グループ経営を継続できるといえよう。

引用参考文献一覧

〈英語文献〉

Betty Friedan [1985] "The Mystique of Age," "Changing Sex Roles: Vital Aging," in Robert N. Butler, M. D., & Herbert P. Gleason, eds., *PRODUCTIVE AGING: Enhancing Vitality in Later Life*, New York: Springer Publishing Company, pp. 37-45, pp. 93-104. (ベティ・フリーダン [1998] 「『老い』という神話」「女性と男性——活力ある老いとは」ロバート・バトラー／ハーバート・グリーソン編、岡本祐三訳『プロダクティブ・エイジング 高齢者は未来を切り開く』日本評論社、85-104 頁、175-191 頁。)

Betty Friedan [1993] *The Fountain of Age*, New York: Simon & Schuster. (ベティ・フリーダン [1995] 山本博子・寺澤恵美子訳『老いの泉（上・下）』西村書店。)

〈日本語文献〉

天野寛子・粕谷美砂子 [2008]『男女共同参画時代の女性農業者と家族』ドメス出版。

石田光男 [2003]『仕事の社会科学——労働研究のフロンティア』ミネルヴァ書房。

伊丹敬之・加護野忠男 [1993]『ゼミナール経営学入門（第 2 版）』日本経済新聞社。

稲田昌植 [1917]『婦人農業問題』丸山舎。

大森純子 [2004]「高齢者にとっての健康：『誇りをもち続けられること』——農村地域におけるエスノグラフィーから」『日本看護科学会誌』第 24 巻第 3 号、9 月、12-20 頁。

大森真紀 [2010]「高齢期における就業——性別と "単身者性" との交錯」『女性と労働 21』第 19 巻第 74 号、10 月、6-13 頁。

角瀬保雄 [1995]「労働者協同組合の現状と課題」『経営志林』第 32 巻第 3 号、10 月、1-21 頁。

角瀬保雄 [2002a]「労働者協同組合の基本問題（上）——その運動と組織と経営」『経営志林』第 39 巻第 2 号、7 月、121-143 頁。

角瀬保雄 [2002b]「労働者協同組合の基本問題（下）——その運動と組織と経営」『経営志林』第 39 巻第 3 号、10 月、1-24 頁。

熊谷圭子 [2001]「中高齢女性の家事労働負担——アンケート調査から」『人間工学』第 37 巻特別号、9 月、538-539 頁。

澤野久美 [2012]『社会的企業をめざす農村女性たち——地域の担い手としての農村女性起業』筑波書房。

芝田進午編 [1987]『協同組合で働くこと』労働旬報社。

澁谷美紀 [2007]「農村女性の世代的特徴からみた起業の促進要因」『農村計画学会誌』第 26 巻第 1 号、6 月、13-18 頁。

澁谷美紀［2011］「農村女性起業の事業多角化と継続に向けた課題──北東北地域における直売所の事例分析」『農業経営研究』第 49 巻第 1 号、6 月、51-56 頁。

杉澤秀博・秋山弘子［2001］「職域・地域における高齢者の社会参加の日米比較」『日本労働研究雑誌』第 487 号、1 月、20-30 頁。

関満博・松永桂子編［2010a］『農産物直売所／それは地域との「出会いの場」』新評論。

関満博・松永桂子編［2010b］『「農」と「食」の女性起業──農山村の「小さな加工」』新評論。

総務省自治行政局長［2003］「地方自治法の一部を改正する法律の公布について（通知）」総行行第 87 号、7 月 17 日。

総務省統計局［2005］「都道府県・市区町村別統計表（一覧表）」『国勢調査』。

総務省統計局［2010］「都道府県・市区町村別統計表（一覧表）」『国勢調査』。

田中夏子［2002］「女性及び高齢者の『農』を含めた仕事起こし」農林中金総合研究所編『協同で再生する地域と暮らし──豊かな仕事と人間復興』日本経済評論社、73-102 頁。

塚本一郎［1994］「労働者協同組合における統制の構造と実態──日本労働者協同組合連合会センター事業団の事例に即して」『大原社会問題研究所雑誌』第 432 号、11 月、30-47 頁。

鶴理恵子［2007］『農家女性の社会学──農の元気は女から』コモンズ。

富沢賢治・中川雄一郎・柳沢敏勝編著［1996］『労働者協同組合の新地平──社会的経済の現代的再生』日本経済評論社。

中條曉仁［2005］「過疎山村における女性高齢者の農産物加工とその性格──高知県吾北地域を事例として」『人文地理』第 57 巻第 6 号、12 月、80-95 頁。

中條曉仁［2013］「中山間地域における女性の起業活動とその地域的展開──静岡県を事例として」『地理科学』第 68 巻第 4 号、11 月、247-263 頁。

農林水産省［2005］「都道府県別統計書」『農林業センサス』。

農林水産省［2008］「農業地域類型別区分一覧表（旧市区町村別）」6 月 16 日。

農林水産省関東農政局［2005］「埼玉農林水産統計年報」。

農林水産省経営局就農・女性課［2012］「農村女性による起業活動実態調査結果の概要」4 月 18 日。

農林水産省生産局技術普及課［2008］「農業者とともに歩む普及指導員」8 月。

農林水産省生産局農産部技術普及課［2014］「協同農業普及事業をめぐる情勢」4 月。

兵庫県中小企業診断士協会［2014］「平成 25 年度調査・研究事業　兵庫県下の農産物直売所の経営実態調査および活性化に向けた提言　報告書」3 月。

藤本保恵［2004］「農村女性起業の経営的可能性」『日本の農業──あすへの歩み』第 228 号、3 月、1-139 頁。

藤森英樹［1998］「農村女性による起業の現状と可能性」『農林業問題研究』第 34 巻第 3 号、12 月、142-153 頁。

丸岡秀子［1980］『日本農村婦人問題』ドメス出版〈ただし初版は 1937 年〉。

丸山美貴子［2000］「労働主体の形成過程における協同労働と学習──労働者協同組合

　A事業所を事例に」『北海道大学大学院教育学研究科紀要』第81号、6月、85-163
　頁。

美土路達雄編著［1981］『現代農民教育の基礎構造』北海道大学図書刊行会。

深山智代・多賀谷昭・北山秋雄・那須裕・野坂俊弥［2010］「里山の環境を保全し健康
　資源として利用するための諸条件――高齢期の女性有志による里山の遊休農地を利
　用したグループ農業活動事例の調査から」『長野県看護大学紀要』第12号、1-7頁。

室屋有宏［2011］「農村女性起業の経営発展と課題――青森県と富山県の2つの法人化
　事例を中心として」『農林金融』第64巻第12号、12月、2-18頁。

諸藤享子［2009］「農村女性グループ起業の継承問題」『農業と経済』第75巻第13号、
　12月、15-26頁。

安川悦子・竹島伸生編著［2002］『「高齢者神話」の打破――現代エイジング研究の射程』
　御茶の水書房。

山本百合子［2005］「自立した高齢者の生き甲斐と衣生活――福山市在住高齢者の場合」
　『福山市立女子短期大学研究教育公開センター年報』第2号、3月、75-84頁。

吉田義明［1995］『日本型低賃金の基礎構造――直系家族制農業と農家女性労働力』日本
　経済評論社。

渡辺啓巳・遠藤和子［2007］「農村女性による起業活動の零細性に関する考察――『平成
　16年度農村女性による起業活動実態調査』に対する補充調査結果から」『農村生活
　研究』第51巻第1号、11月、12-19頁。

〈ホームページ等（アルファベット順）〉

農林水産省『平成20年度　食料・農業・農村の動向』「用語の解説」http://www.maff.
　go.jp/j/wpaper/w_maff/h20_h/trend/part1/terminology.html

総務省統計局『平成22年　国勢調査』「調査結果で用いる用語の解説」http://www.stat.
　go.jp/data/kokusei/2010/users-g/word.html

あとがき

　本書は、一般財団法人竹村和子フェミニズム基金からの助成を受けて刊行された。竹村和子フェミニズム基金とは、フェミニズム／ジェンダー研究、あるいは、女性のエンパワーメントや女性へのサポートの視点で実施される活動に資する研究・調査の支援を目的とした基金である。2019年の初夏、助成決定の知らせが、筆者のもとに届けられた。その通知を目にしながら、本書を執筆するまでの日々を思い出していた。

　私は、関東の商店街で生まれ育った。13歳で父を亡くした時、関西の農村出身だった母は、故郷の農家へ後妻として嫁ぐことを親戚から勧められた。だが、母は、「どんなに貧しくても、苦労をしても、このまま関東で生活をする」と言って譲らなかった。その頃は、まだジェンダーという言葉さえ知らなかったが、「そこまで嫌がる農家の嫁とは一体なんなのだろうか」と思ったものだった。それからは、家業の飲食店を母と2人で切り盛りした。深夜まで身を粉にして働いた。ところが、高齢になった母が受け取る年金は、わずかな額しかない。超高齢社会を迎え、母のような貧困の部類に入る高齢女性が、今後ますます増加することを鑑みたとき、新たな経済のあり方を模索してみたいという思いが湧き上がってきた。それが、2003年の春、埼玉大学経済学部に入学した動機だった。

　経済学部で勉学に励み、ちょうど2年が過ぎた頃、副専攻プログラムという制度が埼玉大学に導入された。この制度は、他学部の講義を履修できるうえ、体系的なプログラムの修了を認定されるというものであった。私は迷わず、自然系副専攻プログラムの生体制御学（生物学）ならびに建設環境工学を履修した。真の経済学を学ぶうえでは、人間活動だけではなく、動植物を含めた生態系を

多角的に把握する視野が欠かせないと感じていたからである。この時、多大な指導を頂いたのが、理工学研究科の坂井貴文教授と小松登志子名誉教授である。高校を卒業していたとはいっても、名ばかりの学力しかない私の質問に対し、懇切丁寧に教えてくださった御恩は、生涯にわたり忘れることはできない。

　一方、主専攻である経済学部では、岩見良太郎教授のゼミナールに所属した。岩見ゼミは、フィールドワークを修得できるゼミとして定評があった。「住民が主体の地域づくり」をテーマとして、日本各地のまちづくりを視察するゼミ旅行や、住民が抱える課題への解決策を提案するプレゼンテーション実習などを通して、確実に力をつけていくことができた。学部生時代に岩見教授に師事したことが、その後の研究・調査の礎となったことは言うまでもない。心からの感謝を申し述べたい。

　経済学部を卒業後、同大学院の経済科学研究科へと進み、本格的な研究・調査を開始した。学外のセミナー等にも積極的に参加した。ある農商工連携に関わる研修に出席した時のことだった。関西の山村で、ゆずの加工品を製造・販売する女性グループの報告があった。加工品の製造・販売が順調になるにつれ、女性たちが手にする収入も増えていったのだが、それを不満に思う集落の男性たちによって、女性たちを加工場へ働きに行かせまいとする妨害活動があった、という内容だった。衝撃的な報告を聞き、日本経済の根底にはジェンダーの問題が横たわっていることを、改めて確信した。同時に、農家の嫁になることを忌避した母のことが、脳裏によぎった。このことから、まずは、戦前からの農村女性問題を取り扱った文献を精査した。次に、農産物の加工・販売やレストラン経営を展開する、数多くの女性グループに対して聞き取りを行い、女性グループの活動を妨げる諸問題を検討した。諸問題の一つとして、グループと関わる自治体の多くが、60歳代以上の女性を「価値ある労働力」とは考えていないことを指摘した。これが、修士論文「『6次産業化』に取り組む女性グループのエンパワーメントを妨げる問題構造の検討」（埼玉大学大学院経済科学研究科、2012年）となった。この修士論文の指導については、安藤陽教授が引き受けてくださった。この場を借りて、御礼を申し上げたい。

　修士論文から、さらに博士論文へと、研究・調査を深める決意をした。しかし、それまで指導を頂いてきた、岩見教授・安藤教授ともに定年退職の御年齢

を迎えられていた。この時、手を差し伸べてくださったのが、高橋純一教授と禹宗杬教授である。高橋教授は、私のフィールドワークの力量を高く評価してくださった。禹教授は、経営学の観点から調査することを強く勧めてくださった。この助言により書き上げたのが、紀要論文「女性高齢者による起業活動の組織内管理——協同組合的側面と企業組織的側面を中心に」(『経済科学論究』第11号、15-28頁、2014年) である。これ以降、博士論文の作成に至るまで、研究の独創性を活かす指導をしてくださった両教授には、心からの謝意を申し上げたい。

　さて、いよいよ博士論文の完成に向けて、フィールドワークを加速した。月に数回、高齢の女性グループが運営する施設へと足を運び、グループが関わる自治体・農協・農林振興センターといった地域の諸団体に対してもインタビューを履行した。グループの中核である60歳代・70歳代・80歳代の女性たちは、会長・副会長・会計といった役職に就き、事業経営の手腕を発揮していた。その実態を見るにつけ、「これは、超高齢社会に突入した日本の先進的な事例として、世界にも誇れる地域経済のあり方ではないか」との考えが高まっていった。ところが、グループを取り巻く地域諸団体の多くは、60歳代以上の高齢女性を、生産的な社会構造における人的資源とは見なしていなかった。このような状況をどう論ずるべきかと思案に暮れていた時、出会ったのが、ベティ・フリーダンの著作だった。フリーダンが残した言説の数々は、フィールドワークで見聞きした実態を、まさに言い当てていた。こうして、まとめ上げたのが、博士論文「農村高齢女性グループ経営の継続性——女性高齢者の主体的活動へのアプローチ」(埼玉大学大学院経済科学研究科、2016年) である。インタビューに応じてくださった高齢女性グループの方々、自治体・農協・農林振興センターをはじめとする地域諸団体の方々には、厚く御礼を申し述べたい。

　完成した博士論文が審査された後の2016年3月、埼玉大学から博士 (経済学) を授与された。それから数か月が経った頃、日本では「人生100年時代」という言説が流布していた。少子高齢化による人手不足も相まって、60歳代以上の高齢女性も仕事に就く様子がマスコミで取り上げられることが増えてきた。しかし、それはアルバイトやパートタイム等、企業などに雇用される形態である。農村の60歳代以上の女性たちは、出資金を出し合い起業し、およそ10年

以上にわたり事業経営を継続している。このことを広く世に知らせ、高齢女性のエンパワーメントに貢献できる一書を刊行したいという気持ちが強くなっていった。「超高齢社会における新たな経済のあり方を模索してみたい」と、埼玉大学経済学部に入学した頃に抱いた、志の一つの結実として。

　本書の出版にあたっては、株式会社有信堂高文社の高橋明義代表取締役に、大変お世話になった。基金からの助成が決定したことを知らせると、「小社としましても大変うれしく思っております」と、ともに喜んでくださり、刊行に向けて、親切かつ丁寧な説明・打ち合わせをしてくださった。一般財団法人竹村和子フェミニズム基金の関係者の方々、ならびに株式会社有信堂高文社の方々には、深く御礼を申し上げたい。

蒲澤　晴美

初出一覧

第1章 「女性高齢者による起業活動の組織内管理――協同組合的側面と企業組織的側面を中心に」『経済科学論究』第 11 号、15-28 頁、2014 年 4 月。

第2章 「『6 次産業化』に取り組む女性グループのエンパワーメントを妨げる問題構造の検討」修士論文（埼玉大学大学院経済科学研究科〈博士前期課程〉）2012 年 3 月。

　　　 「農村高齢女性グループ経営の継続性――女性高齢者の主体的活動へのアプローチ」博士論文（埼玉大学大学院経済科学研究科〈博士後期課程〉）2016 年 3 月。

第3章 「『6 次産業化』に取り組む女性グループのエンパワーメントを妨げる問題構造の検討」修士論文（埼玉大学大学院経済科学研究科〈博士前期課程〉）2012 年 3 月。

　　　 「農村高齢女性グループ経営の継続性――女性高齢者の主体的活動へのアプローチ」博士論文（埼玉大学大学院経済科学研究科〈博士後期課程〉）2016 年 3 月。

索　引

152

著者紹介

蒲澤　晴美（かんざわ・はるみ）

2009 年　埼玉大学経済学部経済学科卒業
　　　　埼玉大学自然系副専攻プログラム生体制御学修了
　　　　埼玉大学自然系副専攻プログラム建設環境工学修了
2012 年　埼玉大学大学院経済科学研究科博士前期課程修了
2016 年　埼玉大学大学院経済科学研究科博士後期課程修了
現　在　埼玉大学経済学会員
　　　　博士（経済学）

　　　　主な著作に「女性高齢者による起業活動の組織内管理――協同組合的側
　　　　面と企業組織的側面を中心に」（『経済科学論究』第 11 号、2014 年）、
　　　　「農村高齢女性グループ経営の継続性――女性高齢者の主体的活動への
　　　　アプローチ」（埼玉大学博士論文、2016 年）など。

高齢女性によるグループ経営――「人間らしい仕事」の獲得

2020 年 1 月 31 日　　初　版　第 1 刷発行　　　　　　　　〔検印省略〕

著者ⓒ蒲澤 晴美／発行者　髙橋 明義　　　　　印刷・製本／創栄図書印刷

東京都文京区本郷 1-8-1　振替　00160-8-141750
　　〒 113-0033　TEL（03）3813-4511
　　　　　　　　FAX（03）3813-4514
　　　　http://www.yushindo.co.jp
　　　ISBN978-4-8420-6594-6

発　行　所
株式
会社　有信堂高文社
Printed in Japan